高等职业院校"十三五"课程改革优秀成果规划教材

普通车工技能操作

主　编　陈子银

副主编　肖永堂　刘　智

参　编　黄　强　刘天池

主　审　黄美英

北京理工大学出版社
BEIJING INSTITUTE OF TECHNOLOGY PRESS

内 容 提 要

本书包含车削的基本知识、典型基本要素的加工与实践操作，共 8 个课题，并附有操作技能测试题和应知测试题。课题一车削的基本知识，包括安全文明生产、车床简介与操纵、车床的润滑与维护保养、常用量具的识读与使用、常用刀具刃磨及切削液的选用六个学习任务；课题二车削阶台轴，包括车刀和工件的安装、切削用量的选择及外圆、阶台的加工三个任务；课题三车削外圆沟槽及切断，包括切断刀刃磨、沟槽加工及切断两个任务；课题四车削内孔，包括内孔车刀刃磨与内孔加工两个任务；课题五车削内外圆锥面，包括外圆锥的加工和内圆锥的加工两个任务；课题六车削成形面及表面修饰，包括成形面加工、表面修饰两个任务；课题七车削内外三角形螺纹，包括外三角形螺纹加工、内三角形螺纹加工两个任务；课题八车削内外梯形螺纹，包括外梯形螺纹加工、内梯形螺纹加工两个任务。同时，配套 6 套普通车工操作技能测试题和 6 套普通车工应知测试题（附答案），以便于培训、考核鉴定和自查。

本书可作为高职数控技术或中职数控应用技术操作实训教材，也可作为车削加工操作方面的职业培训和从事普通车床工作相关人员的实训参考书。

图书在版编目（CIP）数据

普通车工技能操作/陈子银主编 . —北京：北京理工大学出版社，2016.9（2016.10 重印）

ISBN 978 - 7 - 5682 - 3068 - 1

Ⅰ.①普…　Ⅱ.①陈…　Ⅲ.①车削 - 高等学校 - 教材　Ⅳ.①TG510.6

中国版本图书馆 CIP 数据核字（2016）第 212161 号

出版发行 /北京理工大学出版社有限责任公司

社　　　址 /北京市海淀区中关村南大街 5 号

邮　　　编 /100081

电　　　话 /(010) 68914775（总编室）

　　　　　　82562903（教材售后服务热线）

　　　　　　68948351（其他图书服务热线）

网　　　址 /http：//www.bitpress.com.cn

经　　　销 /全国各地新华书店

印　　　刷 /北京慧美印刷有限公司

开　　　本 /787 毫米×1092 毫米　1/16

印　　　张 /15.5　　　　　　　　　　　　责任编辑 /刘永兵

字　　　数 /358 千字　　　　　　　　　　　文案编辑 /刘　佳

版　　　次 /2016 年 9 月第 1 版　2016 年 10 月第 2 次印刷　责任校对 /王素新

定　　　价 /37.00 元　　　　　　　　　　　责任印制 /马振武

前　言

　　本书是依据普通车工实践教学经验，并根据普通车工国家职业标准（中级）技能要求和理实一体化课程改革的需求编写的。采用"课题引领，任务驱动，一体化教学"的模式，内容强调理论与实践相结合，遵循学生的认知规律，以实用、够用为原则突出实践操作与技能训练，充分体现"学、练、做一体化"的教学思想。

　　本书主要包含车削的基本知识、典型基本要素的加工与实践操作，共 8 个课题以及操作技能测试、应知测试题。主要内容包括车削的基本知识、车削阶台轴、车削外圆沟槽及切断、车削内孔、车削内外圆锥面、车削成形面及表面修饰、车削内外三角形螺纹、车削内外梯形螺纹，同时配套 6 套普通车工操作技能测试题和 6 套普通车工应知测试题（附答案）。建议学时数为 300 学时，具体的学时分配见下表。

序号		课程内容	学时数
课题一　车削的基本知识	任务一　安全文明生产		1
	任务二　车床简介与操纵		4
	任务三　车床的润滑与维护保养		2
	任务四　常用量具的识读与使用		6
	任务五　常用刀具刃磨		10
	任务六　切削液的选用		1
课题二　车削阶台轴	任务一　车刀和工件的安装		2
	任务二　切削用量的选择		2
	任务三　外圆、阶台的加工		24
课题三　车削外圆沟槽及切断	任务一　切断刀刃磨		2
	任务二　沟槽加工及切断		12
课题四　车削内孔	任务一　内孔车刀刃磨		2
	任务二　内孔加工		12
课题五　车削内外圆锥面	任务一　外圆锥的加工		12
	任务二　内圆锥的加工		12
课题六　车削成形面及表面修饰	任务一　成形面加工		12
	任务二　表面修饰		12

序号	课程内容		学时数
课题七 车削内外三角形螺纹	任务一	外三角形螺纹加工	24
	任务二	内三角形螺纹加工	24
课题八 车削内外梯形螺纹	任务一	外梯形螺纹加工	36
	任务二	内梯形螺纹加工	36
普通车工操作技能测试题			40
普通车工应知测试题			12
合　　计			300

本书具有以下主要特色：

（1）内容由浅入深、由易到难，有利于学生更好地掌握普通车削技术。各课题任务均由任务描述、任务分析、相关知识、任务准备、任务实施、检查评议等部分组成，并附普通车工操作技能测试题与应知测试题各6套，以满足巩固知识与技能的需要。

（2）在内容安排上注重理论基础知识与技能操作的统一，通过理论知识的讲解及大量的实例训练，使学生能够掌握普通车削加工中最实用的技术内容。

本书由陈子银担任主编并负责全书统稿，肖永堂、刘智担任副主编，参与本书编写的还有黄强、刘天池，由黄美英担任主审。在编写过程中，同时得到制造类企业的多位工程技术人员的技术支持与帮助，在此表示衷心感谢。

由于编者水平有限，加上时间仓促，书中难免有错误和不妥之处，敬请读者批评指正。

编　者

目录

目 录

目　录

课题一 车削的基本知识

课题简介：

在机械制造业中，零件的加工制造一般离不开金属切削加工，而车削加工是最重要的金属切削加工方法之一。它是机械制造业中最基本、最常用的加工方法。目前在制造业中，车削加工占到了金属切削加工的 40% ~ 60%。在车削加工中，卧式车床的应用最为广泛，它适用于单件、小批量的轴类、套类、盘类零件的加工。车削的基本知识包括安全文明生产、车床的操作与保养方法、常用量具的识读与常用刀具的刃磨等方面的基础知识。

车削加工是指导车削操作的实践性很强的专业课程。通过对车削基本知识的学习，学生应达到以下目标。

知识目标：

（1）熟记安全文明生产条例，培养安全生产意识。

（2）熟悉车床的结构、传动原理以及维护保养知识。

（3）了解常用量具的结构、组成与读数原理。

（4）掌握常用硬质合金车刀的几何参数及车刀刃磨的相关基础知识。

（5）了解常用切削液的种类及性能。

技能目标：

（1）掌握车削加工中安全文明生产的注意事项，养成安全文明生产的良好习惯。

（2）掌握车床的基本操作技能和维护保养方法。

（3）掌握常用量具的使用和保养方法。

（4）掌握常用硬质合金车刀的刃磨方法。

（5）会根据切削性质合理选用切削液。

任务一 安全文明生产

【任务描述】

在车削加工的过程中比较容易发生机械伤害事故，为了杜绝机械和人身事故的发生，保证产品质量和生产效率，在操作机床时必须严格遵守安全操作规程，确保人身和设备安全，为今后的深入学习打下坚实的基础。

【任务分析】

坚持安全文明生产是保障生产工人和设备安全、防止工伤和设备事故的根本保证，同时也是工厂科学管理的一项十分重要的手段。它直接影响着人身安全、产品质量和生产效率的提高，以及设备和工具、夹具、量具的使用寿命和操作工人技术水平的正常发挥。安全文明生产的一些具体要求是在长期生产活动中的实践和血的教训的总结，要求操作者必须严格执行。养成安全文明生产的良好习惯是本任务的重点。

【相关知识】

一、安全生产的注意事项

（1）工作时应穿工作服、戴袖套，女同志应戴工作帽，将长发塞入帽子。禁止穿裙子、短裤和凉鞋上机操作。在车床上操作不准戴手套。

（2）工作时，头不能离工件太近，以防切屑飞入眼中。为防止切屑崩碎飞散，必须戴防护眼镜。

（3）工作时，必须集中精力，注意手、身体和衣服不能靠近和触碰正在旋转的机件，如工件、带轮、皮带齿轮等。尤其是加工螺纹时，严禁用手抚摸螺纹面，以免受伤。严禁用棉纱擦抹旋转的工件。

（4）工件和车刀必须装夹牢固，否则会飞出伤人。卡盘必须装有保险装置。装夹好工件后，卡盘扳手必须随即从卡盘上取下。

（5）凡装卸工件、更换刀具、测量加工表面及变换速度时，必须先停机，不准用手去刹住转动着的卡盘。

（6）应用专用铁钩清除切屑，绝不允许用手直接清除。

（7）毛坯棒料从主轴孔尾端伸出不得太长，并应使用料架或挡板，防止甩弯后伤人。

（8）工件中若发现机床、电气设备故障，应及时申报，由专业人员检修，未修复不得使用。不要随意拆装电气设备，以免发生触电事故。

二、文明生产的要求

（1）开车前检查车床各部分机构及防护设备是否完好，各手柄是否灵活，位置是否正确。检查各注油孔并进行润滑。然后使主轴空运转 1~2 min，待车床运转正常后才能工作。若发现车床有故障，应立即停车、申报检修。

（2）主轴变速必须先停车，变换进给箱手柄要在低速进行。为保持丝杠的精度，除车削螺纹外，不得使用丝杠进行机动进给。

（3）刀具、量具及工具等的放置要稳妥、整齐、合理。有固定的位置，便于操作时取用，用后应放回原处。主轴箱盖上不应放置任何物品。

（4）工具箱内应分类摆放物件。精度高的应放置稳妥，重物放下层、轻物放上层，不可随意乱放，以免损坏和丢失。

（5）正确使用和爱护量具。经常保持量具清洁，用后涂油、擦净并放入盒内，实习结束后及时归还至工具室。所使用量具必须定期校验，以保证其度量准确。

（6）不允许在卡盘及床身导轨上敲击或校直工件，床面上不准放置工具或工件。装夹、找正较重工件时，应用木板保护床面。下班时若工件不卸下，应用千斤顶支撑。

（7）车刀磨损后，应及时刃磨。不允许用钝刃车刀继续车削，以免增加车床负荷，导致车床损坏，影响工件表面的加工质量和生产效率。

（8）实习生产的零件，应及时送检。在确认合格后，方可继续加工。精车工件要注意防锈处理。

（9）毛坯、半成品和成品应分开放置。半成品和成品应堆放整齐，轻拿轻放，严防碰伤已加工表面。

（10）图样、工艺卡片应放置在便于阅读的位置，并注意保持其清洁和完整。

（11）使用切削液前，应在床身导轨上涂润滑油。若车削铸铁或气割下料的工件，应擦去导轨上的润滑油。铸件上的型砂、杂质应尽量去除干净，以免损坏床身导轨面。切削液应定期更换。

（12）工作场地周围应保持清洁整齐，避免杂物堆放，防止绊倒。

（13）工作完毕后，将所用过的物件擦净归位，清理机床，刷去切屑并擦净机床各部位的油污；按规定加注润滑油，最后把机床周围打扫干净；将床鞍摇至床尾一端，各传动手柄放到空挡位置，关闭电源。

（14）在指定的车床上实训，多人共用一台车床时，只允许一人操作，其他人在安全地方等待，并注意安全。

【任务准备】

（1）设备：CA6140型车床、多媒体设备及课件。

（2）学生防护用品：工作服、工作帽、防护眼镜等。

【任务实施】

一、教师讲解重点知识

（1）安全生产的条例。

（2）文明生产条例。

（3）实习车间的实习纪律与要求。

二、教师带领学生参观车间，进行互助学习

（1）学生观看安全教育纪录片。

（2）学生分组，对安全文明生产内容总结归纳。

（3）教师针对性地对知识点进行小组提问或点名提问。

【检查评议】

评分标准如表1-1所示。

表1-1 评分标准

项目	检查内容	配分	掌握情况及互动情况纪要	评分		
				自检	互检	分数
知识掌握	基本知识	40				
师生互动	指定回答	15				
	抢答	15				
	小组互动	10				
团队协作	解决问题、团结互助	20				

任务二　车床简介与操纵

【任务描述】

了解车床型号的含义，掌握典型车床的主要部件及其功用，了解车床的传动系统，学会正确操纵车床。车床的基本操作主要包括车床的启动与停止操作、主轴箱的变速操作、进给箱的进给量变换操作和溜板箱的操作等。

【任务分析】

本任务以 CA6140 型车床为例，学习其主要部件的功用及车床基本操作。车工在加工零件之前首先要熟悉加工设备及其操作方法，正确规范的操作使用对保持设备精度、延长设备寿命具有重要的现实意义。本任务要求学生认识车床，了解车床各个手柄的名称和作用，学会刻度盘的使用，熟练掌握床鞍、中滑板和小滑板的进退刀方向。

【相关知识】

一、车床的型号

我国现行的车床型号是按 GB/T 15375—2008《金属切削机床型号编制办法》编制的。车床型号由英文字母和阿拉伯数字组成，用以简明地表示车床的类型、通用特性和结构特性、主要技术参数等。

CA6140A 型车床中各代号及其数字的含义如下：

C　A　6　1　40　A

说明：C——机床的类代号（车床类）；

　　　A——通用特征、结构特性代号；

　　　6——机床的组代号（卧式车床组）；

　　　1——机床的系代号（卧式车床系）；

　　　40——机床的主要参数代号（最大旋转直径为 400 mm）；

　　　A——重大改进序号（第一次重大改进）。

二、车床各部分的名称及其作用

卧式车床在车床中使用最多，它适用于单件、小批量的轴类、盘类工件的加工。了解卧式车床各部件的名称与作用，是本任务学习和掌握的重点。因为 CA6140 型卧式车床是目前我国机械制造业中应用较为普遍的一种机型，其在结构、性能和功用等方面很具有代表性，所以任务以 CA6140 型卧式车床为对象，对该车床主要组成部件的名称和作用进行介绍。如图 1-1 所示。

车床要完成切削加工，必须具有一套带动工件旋转和使刀具做直线运动的机构，并且要求两者都能做正、反方向运动。车床主要由床身、主轴箱、交换齿轮箱、进给箱、溜板箱、滑板、刀架、尾座及冷却、照明等部分组成。

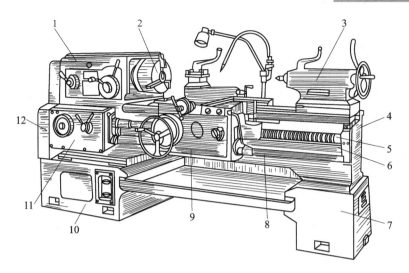

图1-1   车床

1—主轴箱；2—卡盘；3—尾座；4—支架；5—丝杠；6—光杠；

7—后底座；8—操纵杆；9—溜板箱；10—前底座；11—进给箱；12—交换齿轮箱

1. 车头部分

（1）主轴箱。

主轴箱通过车床主轴及其卡盘带动工件做旋转运动。变换主轴箱外手柄的位置，可以使主轴获得不同的转速。

（2）卡盘。

卡盘用来装夹工件，并带动工件一起旋转，以实现车削。

2. 交换齿轮箱部分

交换齿轮箱部分用来把主轴旋转运动传给进给箱。调换箱内的齿轮并与进给箱配合，可以车削不同螺距的螺纹。

3. 进给部分

（1）进给箱。

利用其内部的齿轮机构，可以改变丝杠或光杠的转速，以获得不同的螺距和进给量。

（2）丝杠。

使滑板和车刀在车削螺纹时按要求的速比做很精确的直线运动。

（3）光杠。

用来把进给箱的运动传给溜板箱，使滑板和车刀按要求的速度做直线进给运动。

4. 溜板箱部分

（1）溜板箱。

溜板箱把丝杠或光杠的转动传给滑板部分。变换箱外的手柄位置，使车刀做横向或纵向进给。

（2）滑板。

滑板分为大滑板（床鞍）、中滑板和小滑板三部分。其中大滑板用于控制纵向车削；中滑板用于控制横向切削，可以控制车刀切入工件的深度；小滑板用于控制纵向进刀，可纵向车削较短的或有锥度的工件。

（3）刀架。

刀架用来安装刀具。

5. 尾座

用来安装顶尖以及支顶较长的工件，还可以安装钻头、铰刀、中心钻等内孔加工的刀具。

6. 床身

用来支撑和安装车床上的零部件。床身上面有两条相互平行的精确导轨，大滑板和尾座可沿着导轨做纵向运动。

7. 附件

（1）中心架、跟刀架：车削较长工件时用来支撑工件。

（2）花盘、角铁：车削复杂畸形工件时用来装夹工件。

（3）冷却系统：用来输送并浇注切削液。

（4）照明系统：光线较差时用来照明。

三、车床的传动路线

车床传动分为主运动和进给运动，它们是相互配合的。如图1-2所示，主运动通过电动机1、V带2传动主轴箱4，通过主轴5变速，使主轴得到各种不同的转速，再经卡盘6带动工件旋转。进给运动则是通过主轴箱传动交换齿轮箱3，再通过进给箱13变速后由丝杠11或光杠12传动溜板箱9、床鞍10、滑板8和刀架7，从而控制车刀的运动轨迹，完成各种表面的车削加工。

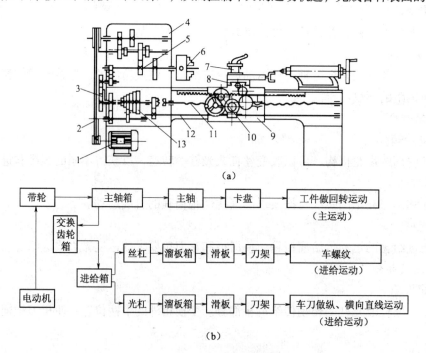

（a）

（b）

图1-2 车床的传动系统图

（a）车床的传动系统；（b）车床的传动路线

1—电动机；2—V带；3—交换齿轮箱；4—主轴箱；5—主轴；6—卡盘；

7—刀架；8—滑板；9—溜板箱；10—床鞍；11—丝杠；12—光杠；13—进给箱

【任务准备】

（1）设备：CA6140 型车床。

（2）工具：活扳手、8 mm 内六方扳手、棉纱等。

（3）学生防护用品：工作服、工作帽、防护眼镜等。

【任务实施】

一、认识 CA6140 型车床的结构

（1）检查机床是否完好。

（2）讲解机床的加工原理。

（3）介绍机床各个手柄的名称及其作用。

二、CA6140 型车床传动路线

车床通电，低速空运转，观察车床的主运动、进给运动和车螺纹的传动路线，通过观察进一步了解车床各部分的传动关系。

三、车床的基本操作练习

1. 车床的启动操作训练

（1）操作训练内容：

① 做启动车床操作，掌握启动车床的步骤；

② 用操纵杆控制主轴正、反转和停车训练。

（2）操作说明：

在启动车床之前必须检查车床各变速手柄是否处于空挡位置、离合器是否处于正确位置、操纵杆是否处于停止状态等，在确定无误后，方可合上车床电源总开关，开始操纵车床。

先按下床鞍上的启动按钮，使电动机启动。接着将溜板箱操纵杆手柄向上提起，主轴便逆时针方向旋转（即正转）。操纵杆手柄有向上、中间、向下三个挡位，可分别实现主轴正转、停止和反转。若需主轴停止转动较长时间，必须按下床鞍上的红色停止按钮，使电动机停止转动，如图 1-3 所示。若下班，则需关闭车床电源总开关，并切断本车床的电源开关。

2. 主轴箱的变速操作训练

（1）操作训练内容：

① 调整主轴转速到 16 r/min、450 r/min、1 400 r/min。

② 确定车削右旋螺纹和车削左旋加大螺距螺纹时的手柄位置。

（2）操作说明：

不同型号、不同厂家生产的车床其主轴变速操作不尽相同，可参考相关车床说明书。下面介绍 CA6140 型车床的主轴变速操作方法。CA6140 型车床主轴变速通过改变主轴箱正面右侧两个叠套的手柄位置来控制。前面的手柄有六个挡位，每个挡位上有四级转速，若要选择其中某一转速可通过后面的手柄来控制。后面的手柄除有两个空挡外，还有四个挡位，只要将手

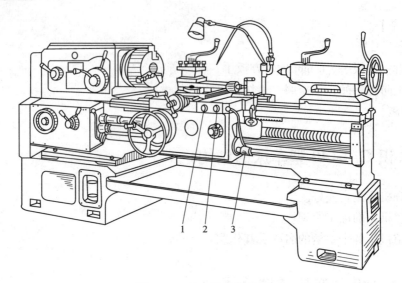

图 1-3　车床的启动装置
1—停止按钮（红）；2—启动按钮（绿）；3—操纵杆手柄

柄位置拨到其显示的颜色与前面手柄所处挡位上的转速数字所标示的颜色相同的挡位即可。

主轴箱正面左侧的手柄是加大螺距及螺纹左、右旋向变换的操纵机构。它有四个挡位：左上挡位为车削右旋螺纹，右上挡位为车削左旋螺纹，左下挡位为车削右旋加大螺距螺纹，右下挡位为车削左旋加大螺距螺纹，如图 1-4 所示。

3．进给箱操作训练

（1）操作内容：

① 车削螺距为 1.0 mm、1.5 mm、2.0 mm 的米制螺纹时，确定进给箱上手轮和手柄的位置，并进行调整。

② 选择纵向进给量为 0.46 mm、横向进给量为 0.20 mm 时，确定手轮与手柄的位置，并进行调整。

（2）操作说明：

CA6140 型车床进给箱正面左侧有一个手轮，右侧有前后叠装的两个手柄，前面的手柄有 A、B、C、D 四个挡位，是丝杠、光杠变换手柄；后面手柄有 Ⅰ、Ⅱ、Ⅲ、Ⅳ 四个挡位与八个挡位的手轮配合，用以调整螺距及进给量。实际操作应根据加工要求，查找进给箱油池盖上的螺纹和进给量调配表来确定手轮和手柄的具体位置。当后手柄处于正上方时是第 V 挡，此时齿轮箱的运动不经过进给箱变速，而与丝杠直接相连。

4．溜板部分的操作训练

（1）操作训练内容：

① 熟练控制床鞍左、右纵向移动；

② 熟练控制中滑板沿横向进、退刀；

③ 熟练控制小滑板沿纵向做短距离左、右

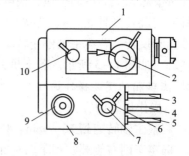

图 1-4　主轴箱的变速机构
1—主轴箱；2—主轴变速叠套手柄；
3—丝杠；4—光杠；5—操纵杆；
6—进给变速手柄；7—丝杠、光杠变换手柄；
8—进给箱；9—进给变速手轮；
10—螺纹旋向变换手柄

移动。

（2）操作说明：

① 床鞍的纵向移动由溜板箱正面左侧的大手轮控制，当顺时针转动手轮时，床鞍向右运动；逆时针转动手轮时，床鞍向左运动。

② 中滑板手柄控制横向移动和横向进刀量。当顺时针转动手柄时，中滑板向远离操作者的方向移动（即横向进刀）；逆时针转动手柄时，中滑板向靠近操作者的方向移动（即横向退刀）。

③ 小滑板可做短距离的纵向移动。小滑板手柄顺时针转动，小滑板向左移动；逆时针转动小滑板手柄，小滑板向右移动，如图 1 – 5 所示。

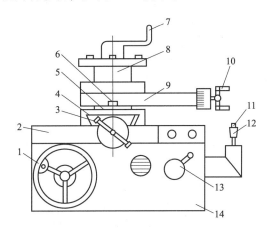

图 1 – 5　溜板箱结构

1—大手轮；2—床鞍；3—中滑板手柄；4—中滑板；5—分度盘；6—锁紧螺母；7—刀架手柄；
8—刀架；9—小滑板；10—小滑板手柄；11—快进按钮；12—自动进给手柄；13—开合螺母手柄；14—溜板箱

5．**刻度盘及分度盘的操作训练**

（1）操作训练内容：

① 若刀架需向左纵向进刀 250 mm，应该操纵哪个手柄（或手轮）？其刻度盘转过的格数是多少？并实施操作。

② 右刀架需横向进刀 0.5 mm，中滑板手柄刻度盘应朝什么方向转动？转过多少格？并实施操作。

③ 若需车制圆锥角 α = 30°的正锥体（即小头在右），小滑板分度盘应如何转动？并实施操作。

（2）操作说明：

① 溜板箱正面的大手轮轴上的刻度盘分为 300 格，每转过 1 格，表示床鞍纵向移动 1 mm。

② 中滑板丝杠上的刻度盘分为 100 格，每转过 1 格，表示刀架横向移动 0.05 mm。

③ 小滑板丝杠上的刻度盘分为 100 格，每转过 1 格，表示刀架纵向移动 0.05 mm。

④ 小滑板上的分度盘的刀架需斜向进刀加工短锥体时，顺时针或逆时针的在 90°范围内转过一定角度。使用时，先松开锁紧螺母，转动小滑板至所需要的角度后，再锁紧螺母以固定小滑板。

⑤ 由于丝杠和螺母的配合存在间隙，滑板会产生空行程（丝杠带动滑板已转动，而滑板没有立即移动），所以当转过所需要的刻度后，应将刻度盘反转到适当角度消除间隙后，再慢慢转到需要的刻度（切不可简单直接退回），如图1-6所示。

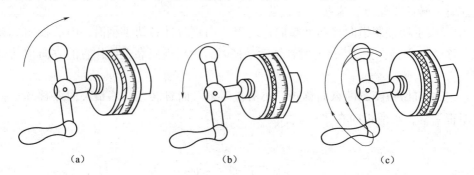

图1-6　消除中滑板空行程的方法

（a）进过刻度；（b）直接退回；（c）回至适当角度后再进消除空行程的方法

6. 自动进给的操作训练

（1）操作训练内容：

① 进行床鞍左、右两个方向快速纵向进给训练。操作时应注意：当床鞍快速行进到离主轴箱或尾座有足够远时，应立即放开快进按钮，停止快进，避免床鞍撞击主轴箱或尾座。

② 进行中滑板前、后两个方向快速横向进给训练。操作时应注意：当中滑板前、后伸出床鞍足够远时，应立即放开快进按钮，停止快进，避免因中滑板悬伸太长而使燕尾导轨受损，影响运动精度。

（2）操作说明：

溜板箱右侧有一个带十字槽的扳动手柄，是刀架实现纵、横向机动进给和快速移动的集中操作机构。该手柄的顶部有一个快进按钮，是控制接通快速电动机的按钮，当按下此钮时，快速电动机工作，放开该钮时，快速电动机停止转动。该手柄扳动方向与刀架运动方向一致，操作方便。当手柄扳至纵向进给位置，且按下快速按钮时，则床鞍做快速纵向移动；当手柄扳至横向进给位置，且按下快速按钮时，则中滑板带动小滑板和刀架做横向快速进给。

7. 开合螺母操作手柄的训练

（1）操作训练内容：

根据螺距和螺纹调配表选择好走刀箱相关手轮、手柄的位置后，做如下操作训练：

① 不扳下开合螺母操纵手柄，观察溜板箱的运动状态。

② 扳下开合螺母操纵手柄后，再观察溜板箱是否按选定的螺距做纵向运动。体会开合螺母操纵手柄压下与扳起时手中的感觉。

③ 先横向退刀，然后快速右向纵进，实现车完螺纹后的快速纵向退刀。

（2）操作说明：

在溜板箱正面右侧有一个开合螺母操作手柄，专门控制丝杠与溜板箱之间的联系。一般情况下，车削非螺纹表面时，丝杠与溜板箱间无运动联系，开合螺母处于开启状态，该手柄位于上方。当需要车削螺纹时，扳下开合螺母操纵手柄，将丝杠运动通过开合螺母的闭合而传递给溜板箱，并使溜板箱按一定的螺距（或导程）做纵向进给。车完螺纹后，将该手柄放回原位。

8．刀架的操作训练

（1）操作训练内容：

① 刀架上不装夹车刀，进行刀架转位和锁紧的操作训练，体会刀架手柄转位和锁紧刀架时的感觉。

② 刀架上安装四把车刀，再进行刀架转位与锁紧的操作训练。当刀架上装有车刀时，转动刀架上的车刀也随同转动，注意避免车刀与工件或卡盘相撞。必要时，在刀架转位前可将中滑板向远离工件的方向退出适当距离。

（2）操作说明：

方刀架相对于小滑板的转位和锁紧，依靠刀架上的手柄控制刀架定位锁紧元件来实现。逆时针转动刀架手柄，刀架可以逆时针转动，以调换车刀；顺时针转动刀架手柄，刀架则被锁紧。

9．尾座的操作训练

（1）操作训练内容：

① 进行尾座套筒进、退移动操作训练，掌握操作方法；

② 进行尾座沿床身向前移动、固定操作训练，掌握操作方法。

（2）操作说明：

① 尾座可在床身内侧的山形导轨和平导轨上纵向移动，并依靠尾座架上的两个锁紧螺母使尾座固定在床身上的任一位置。

② 尾座架上有左、右两个长把手柄。左边为尾座套筒固定手柄，顺时针扳动此手柄，可使尾套筒固定在某一位置。右边手柄为尾座快速紧固手柄，逆时针扳动此手柄，可使尾座快速地固定于床身的某一位置。

③ 松开尾座架左边长把手柄（即逆时针转动手柄），转动尾座右端的手轮，可使尾座套筒做进、退移动，如图 1-7 所示。

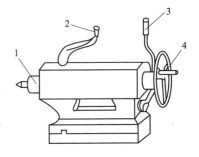

图 1-7 尾座

1—套筒；2—套筒固定手柄；

3—快速紧固手柄；4—手轮

【检查评议】

机床操纵评分标准如表 1-2 所示。

表 1-2 机床操纵评分标准

班级：		姓名：		学号：		任务：机床操纵		工时：
检查项目		分值	评分标准			自检	复检	得分
主轴箱变速		20	各手柄位置正确，准确到位					
进给量变换		20	各手柄位置正确，准确到位					
正反转与停机练习		10	操作规范，反应灵活、敏捷					
床鞍，中、小滑板快速摇动训练		15	进、退刀方向明确，反应灵活					
床鞍，中、小滑板慢速摇动训练		15	双手交替自如，滑板移动慢而均匀					
操作规范性		10	动作规范，姿势正确					
安全文明生产		10	遵守操作规程，无人身、设备事故					
监考人：			检验员：			总分：		

任务三　车床的润滑与维护保养

【任务描述】

了解车床常用的润滑方式，并能正确维护保养车床。

【任务分析】

相对运动的部位之间会产生摩擦，相对运动的方式不同，对润滑的要求也不相同。车床的润滑方式比较多，需要的润滑介质也不相同。本任务要求学生针对不同的润滑部位能选择正确的润滑方式并进行机床的润滑及保养。

【相关知识】

一、车床润滑的作用

为了保证车床的正常运转，减少磨损，延长使用寿命，应对车床所有的摩擦部位进行润滑，并注意日常的维护保养。

二、常用车床的润滑方式

车床的润滑采用了多种方式，常用的有以下几种：

1. 浇油润滑

常用于外露的滑动表面，如床身导轨面以及中、小滑板导轨面和丝杠等。将这些部件擦拭干净后用油壶浇油润滑。

2. 溅油润滑

常用于密闭的箱体中，如利用车床主轴箱中的传动齿轮将箱底的润滑油溅射到箱体上部的油槽中，然后经槽内油孔流到各润滑点进行润滑。

注入新油时应使用滤网过滤，油面不得低于游标中心线。一般每三个月换一次油。

3. 油绳导油润滑

常用于进给箱与溜板箱的轴承和齿轮的润滑。利用毛线等既易吸油又易渗油的特性，通过毛线把油引至润滑点，间断地滴油润滑，如图 1-8 所示。在加注润滑油时，要注意给进给箱上部的储油槽加油。

4. 弹子油杯注油润滑

常用于尾座、中滑板摇手柄及三杠（丝杠、光杠、操纵杠）支架的轴承处。定期地用油枪端头油嘴压下油杯上的弹子，将油注入。油嘴撤去，弹子又回复原位，封住注油口，以防尘屑入内，如图 1-9 所示。

5. 黄油杯润滑

常用于交换齿轮箱挂轮架的中间轴或不便经常润滑处。事先在黄油杯中加满钙基润滑脂，需要润滑时，拧紧油杯盖，则杯中的油脂就被挤压到润滑点中去，如图 1-10 所示。

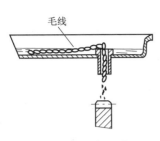

图1-8 油绳导油

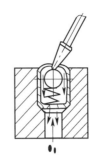

图1-9 弹子油杯注油

6. 油泵输油润滑

常用于转速高、需要大量润滑油连续强制润滑的机构，主轴箱内许多润滑点就是采用这种方式，如图1-11所示。

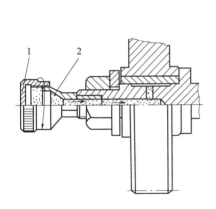

图1-10 黄油杯

1—黄油杯；2—润滑脂

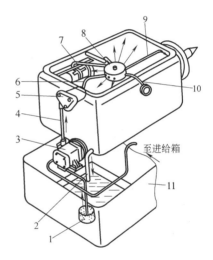

图1-11 油泵输油

1—网式滤油器；2—回油管；3—油泵；

4，6，7，9，10—油管；5—过滤器；8—分油器；11—床腿

三、常用车床的润滑要求

图1-12所示为CA6140型车床润滑系统润滑点的位置示意图，润滑部位用数字标出。图中所标注②处的润滑部位用2号钙基润滑脂进行润滑，㉚表示用30号机油润滑。其中⊖分子数字表示润滑油类别，其分母数字表示两班制工作时换（添）油间隔的天数。

主轴箱内的零件用油泵循环和溅油润滑。箱内润滑油一般三个月更换一次。主轴箱体上有一个油窗，若发现油窗内无油输出，说明油泵输油系统有故障，应立即停车检查原因，待修复后才能开动车床。

进给箱内的齿轮和轴承，除了用齿轮飞溅润滑外，在进给箱上部还有用于油绳导油润滑的储油槽，每班应给储油槽加一次油。

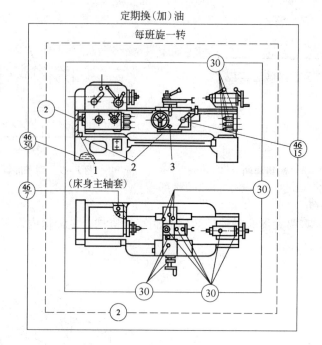

图 1-12　CA6140 型车床润滑系统
1—加油孔；2—油标；3—放油孔

交换齿轮箱中间齿轮轴轴承用黄油杯润滑，每班一次，7 天加注一次钙基脂。

尾座和中、小滑板手柄及光杠、丝杠、刀架转动部位靠弹子油杯润滑，每班润滑一次。此外，床身导轨、滑板导轨在工作前后都要擦净并用油枪浇油润滑。

四、车床一级保养的要求

通常当车床运行 500 h 后，须进行一级保养。保养时，必须先切断电源，然后按下述顺序和要求进行。

1. 主轴箱的保养

（1）清洗滤油器，使其无杂物；

（2）检查主轴锁紧螺母有无松动、紧定螺钉是否拧紧；

（3）调整制动器及离合器摩擦片间隙。

2. 交换齿轮箱的保养

（1）清洗齿轮、轴套，并在油杯中注入新油脂；

（2）调整齿轮啮合间隙；

（3）检查袖套有无晃动现象。

3. 滑板和刀架的保养

拆洗刀架和中、小滑板，洗净擦干后再重新组装，并调整中、小滑板与镶条的间隙。

4. 尾座的保养

摇出尾座套筒，并擦净涂油，以保持内外清洁。

5. 润滑系统的保养

（1）清洗冷却泵、滤油器和盛液盘；

（2）保证油路畅通，油孔、油绳、油毡清洁无铁屑；

（3）检查油质应保持良好，油杯齐全、油标清晰。

6. 电器的保养

（1）清扫电动机、电气箱上的尘屑；

（2）电气装置固定整齐。

7. 外表的保养

（1）清洗车床外表面及各罩盖，保持其内、外清洁，无锈蚀、油污；

（2）清洗三杠；

（3）检查并补齐各螺钉、手柄球和手柄。

（4）各部件清洗擦净后，进行必要地润滑。

【任务准备】

（1）设备：CA6140 型车床。

（2）工具：活扳手、油枪、油壶、8 mm 内六方扳手、棉纱等。

（3）材料：30 号机油、钙基脂。

（4）学生防护用品：工作服、工作帽、防护眼镜等。

【任务实施】

一、教师讲解

（1）车床的六种润滑方式。

（2）车床的润滑部位及润滑要求。

二、学生分组进行车床的日常保养

为了保证车床的加工精度、延长其使用寿命、保证加工质量、提高生产效率，车工除了能熟练地操作机床外，还必须学会对车床进行合理地维护和保养。

1. 车床的日常维护和保养要求如下

（1）每天工作后，切断电源，对车床各表面、各罩壳、导轨面、丝杠、光杠、各操纵手柄的操纵杆进行擦拭，做到无油污、无铁屑、车床外表清洁。

（2）每周要求保养床身导轨面和中、小滑板导轨面及转动部位，并使其清洁、润滑。要求油眼畅通、油标清晰，清洗油绳和护床油毛毡，保持车床外表清洁和工作场地整洁。

2. 每日保养流程

（1）刷去机床各部分铁屑，清理盛液盘铁屑；

（2）擦净机床各部分污垢、油垢；

（3）加注润滑油（导轨、各弹子油杯、三杠支架油杯、支架黄油杯等）；

（4）清理机床周围地面卫生（包括车床下、踏板下卫生）。

【检查评议】

机床润滑保养评分标准如表 1-3 所示。

表 1-3　机床润滑保养评分标准

班级：		姓名：		学号：		任务：机床润滑保养	工时：	
检查项目		分值		评分标准		自检	复检	得分
主轴箱、进给箱、溜板箱润滑		20		检查油窗位置是否在 1/2 以上				
丝杠、光杠、尾座、刀架润滑		20		弹子油杯、浇油润滑				
交换齿轮箱中过渡齿轮润滑		10		一般用润滑脂润滑				
床鞍，中、小滑板润滑		15		浇油润滑				
三杠支架油绳导油润滑		15		油绳导油润滑				
操作规范性		10		动作规范，姿势正确				
安全文明生产		10		遵守操作规程，无人身、设备事故				
监考人：			检验员：			总分：		

任务四　常用量具的识读与使用

【任务描述】

为了保证产品质量，机械加工中的每一个零件都必须根据图纸上的公差要求来制造，仅仅靠人的感觉器官或简单的直尺是不够的，必须借助于有一定精度的测量工具进行测量。车削加工常用的量具有钢直尺、游标卡尺和外径千分尺等。通过学习掌握车工常用量具的识读、使用与保养方法。

【任务分析】

正确地使用量具是保证生产质量的重要条件之一，要保持量具的精度和它的可靠性，除了在使用过程中要按照合理的使用方法进行测量外，还必须做好量具的维护和保养工作，所以要求会正确地选择、使用和保养常用量具。

【相关知识】

一、钢尺

具有一组或多组有序的标尺标记及标尺数码的钢制板状的测量器具，称为钢尺。

钢尺的结构如图 1-13 所示。钢尺的左端为直的工作端边；右端为圆弧形尺尾，还有一个悬挂孔。

钢尺是最简单的长度量具，它的量程有 150 mm、300 mm、500 mm 和 1 000 mm 四种规格。

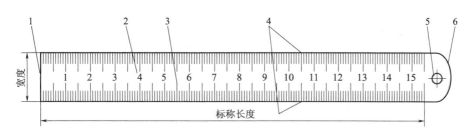

图 1 – 13 150 mm 钢尺

1—端边；2—刻度面；3—刻线；4—侧边；5—悬挂孔；6—尾端圆弧

如图 1 – 14 所示，钢尺用于测量工件的长度尺寸。它的测量结果不太准确，这是因为钢尺的刻线间距为 1 mm，而刻线本身的宽度就有 0.1 ~ 0.2 mm，所以测量时读数误差比较大。钢尺只能读出毫米数，即它的最小读数值为 1 mm，比 1 mm 小的数值只能估计而得。

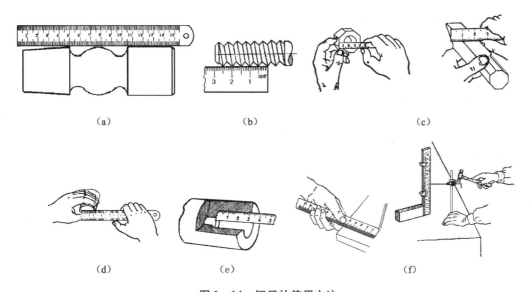

图 1 – 14 钢尺的使用方法

（a）量长度；（b）量螺距；（c）量宽度；（d）量外径；（e）量孔深；（f）量高度

如果用钢尺直接去测量工件的直径尺寸（轴径或孔径），则测量精度更差。这是因为钢尺本身的读数误差比较大，而且无法正好放在工件直径的正确位置上。所以，工件直径尺寸的测量需利用钢尺和内、外卡钳配合进行。

二、游标卡尺

1. 游标卡尺的特点和结构

游标卡尺是利用游标原理对两测量面相对移动的距离进行读数的测量器具。

游标卡尺是一种常用的量具，其具有结构简单、使用方便和测量尺寸范围大等特点，应用范围很广。缺点是只能测量孔口、槽边或台阶等处的尺寸，所以测量部位不全面。另外，因结构方面的原因，它的测量准确度还不够高，属于中等精度的测量器具，所以只能用于一般精度的测量工作。

游标卡尺的种类很多，但其主要结构大同小异。如图 1 – 15 所示的游标卡尺（测量范围为 0 ~ 150 mm，游标读数值为 0.02 mm）是由主尺 1、副尺（游标）2、上量爪 3、下量爪 4、深度尺 5 和紧定螺钉 6 组成的。主尺与左面固定的上、下量爪制成一个整体，副尺与右面活动的上、下量爪制成另一个整体套装在主尺上，并可沿主尺滑动。

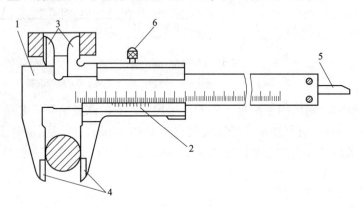

图 1 – 15　游标卡尺

1—主尺；2—副尺（游标）；3—上量爪；4—下量爪；5—深度尺；6—紧定螺钉

2. 游标卡尺的刻线原理与读数方法

游标卡尺的读数精度是利用主尺和游标刻线间的距离之差来确定的。常用游标卡尺的精度有：0.1 mm、0.05 mm、0.02 mm。

（1）0.1 mm 精度的游标卡尺尺身每小格为 1 mm。游标刻线总长为 9 mm 并等分 10 格，因此每格为 0.9 mm，则尺身 1 格和游标 1 格的差为 1 mm – 0.9 mm = 0.1 mm，所以它的测量精度为 0.1 mm。根据刻线原理，如果游标第 6 根刻线与尺身刻线对齐，则小数尺寸的读数为：$ab = ac - bc = 6 - (6 \times 0.9) = 0.6$ mm，如图 1 – 16 所示。

读数时，首先读出游标零线左面尺身上的整毫米数；然后看游标上哪一条刻线与尺身刻线对齐，该游标刻线的次序数乘以此游标卡尺的读数精度，读出小数部分；最后把整数和小数相加的总和，就是工件的实际尺寸。例如在图 1 – 17 中，游标零线在 37 mm 与 38 mm 之间，游标的第 6 条刻线与尺身刻线对齐。所以，被测尺寸的整数部分为 37 mm，小数部分为 0.1 mm × 6 = 0.6 mm，这样被测工件的实际尺寸为 37 mm + 0.6 mm = 37.6 mm。

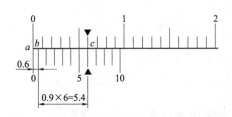

图 1 – 16　0.1 mm 精度游标卡尺小数读数

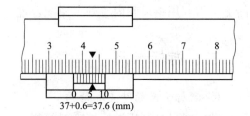

图 1 – 17　0.1 mm 精度游标卡尺读数

（2）0.05 mm 精度的游标卡尺尺身每小格为 1 mm。游标刻线总长为 39 mm 并等分为 20 格，因此每格为 1.95 mm，则尺身 2 格和游标 1 格之差为 2 mm – 1.95 mm = 0.05 mm，所以它的测量精度为 0.05 mm。在图 1 – 18 中，游标零线在 54 mm 与 55 mm 之间，游标的第 7 条刻线与尺身刻线对准。所以，被测尺寸的整数部分为 54 mm，小数部分为 0.05 mm × 7 = 0.35 mm，这样被测工件实际尺寸为 54 mm + 0.35 mm = 54.35 mm。

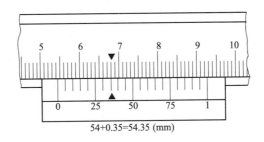

54+0.35=54.35 (mm)

图 1－18　0.05 mm 精度游标卡尺读数方法

（3）0.02 mm 精度的游标卡尺尺身每小格为 1 mm，游标刻线总长为 49 mm 并等分为 50 格，因此每格 0.98 mm 则尺身和游标 1 格之差为 1 － 0.98 ＝ 0.02（mm），所以它的测量精度为 0.02 mm。在图 1－19 中，游标零线在 60 mm 与 61 mm 之间，游标的第 27 条划线与尺身刻线对齐，所以被测尺寸的整数部分为 60 mm，小数部分为 0.02 mm × 27 = 0.54 mm，这样被测工件的实际尺寸为 60 mm + 0.54 mm = 60.54 mm。

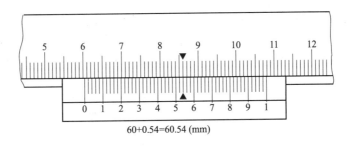

60+0.54=60.54 (mm)

图 1－19　0.02 mm 精度游标卡尺读数方法

3. 游标卡尺的使用方法

如图 1－20 所示，用游标卡尺测量工件时可以单手拿尺测量或双手拿尺测量，测量大工件尺寸时，一般用双手拿尺测量。

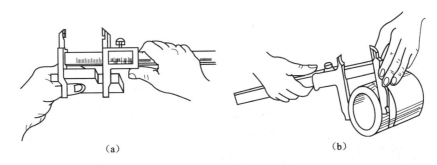

（a）　　　　　　　　　　　　　　　（b）

图 1－20　游标卡尺操作方法
（a）单手拿尺；（b）双手拿尺

（1）如图 1－21（a）所示，测量外尺寸时，应先把测量爪张开得比被测尺寸稍大，再使固定测量爪与被测表面贴合，然后慢慢推动尺框，使活动测量爪轻轻地接触被测量表面，并稍微游动一下活动测量爪，以便找出最小尺寸部位，获得正确的测量结果。如图 1－21（b）

所示，测量时，不能把测量爪的张开距离调整到小于或等于被测的尺寸值，然后强制把测量爪卡到被测件上，这样易使测量爪弯曲变形，加剧测量面的磨损而过早失去原有精度。同样，读数之后要先把活动测量爪移开，再从被测件上取下卡尺。在活动测量爪还没松开之前，不允许猛力拉下卡尺。

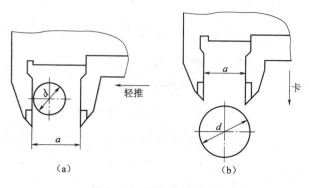

图 1-21　测量外径尺寸

(a) $a > d$ 正确；(b) $a \leq d$ 错误

(2) 如图 1-22 (a) 所示，测量内孔直径时，应先把测量爪张开得比被测尺寸稍小，再把固定测量爪靠在孔壁上，然后慢慢拉动尺框，使活动测量爪沿直径方向轻轻接触孔壁，再把测量爪在孔壁上稍微游动一下，以便找出最大尺寸部位。最后用紧定螺钉把尺框固定，轻轻取出卡尺读数。需要注意的是，卡尺测量爪应放在孔的直径方向上，不能歪斜。

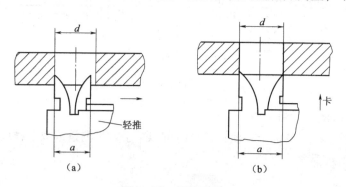

图 1-22　测量孔径

(a) $a < d$ 正确；(b) $a \geq d$ 错误

(3) 测量沟槽宽度时，卡尺的操作方法与测量孔径相似，测量爪的位置也应摆正，要垂直于槽壁，不能倾斜，否则，测得的结果也不会准确，如图 1-23 所示。

(4) 如图 1-24 (a) 所示，测量深度时，应使游标卡尺的主尺下端面与被测件的顶面贴合，再向下推动深度尺，使之轻轻接触被测底面。然后用紧定螺钉把尺框固定，再取出卡尺读数。深度尺要垂直放好，不要前后、左右倾斜，如图 1-24 (b) 所示。主尺下端面与被测件顶面之间不能有缝隙，如图 1-24 (c) 所示。要使深度尺的削角边朝向靠近槽壁面，否则，槽底根部的圆角会对测量结果有影响，如图 1-24 (d) 所示。

游标卡尺的测量范围很广，可以测量工件外径、台阶、孔深、孔径和孔距等，如图 1-25 所示。

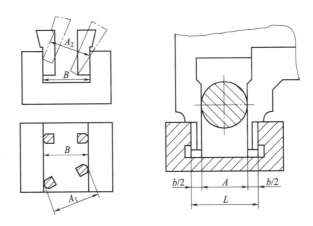

图1-23　测量沟槽时测量爪的位置

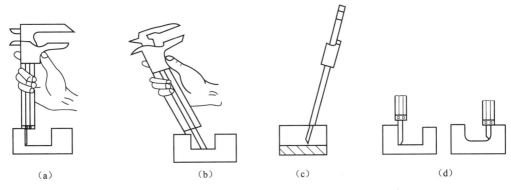

（a）　　　　　　　　（b）　　　　　　　　（c）　　　　　　　　（d）

图1-24　深度测量

（a）下端面与顶面贴合；（b）深度尺前后、左右倾斜；（c）下端面与顶面不贴合；（d）削角边朝向不靠近槽壁面

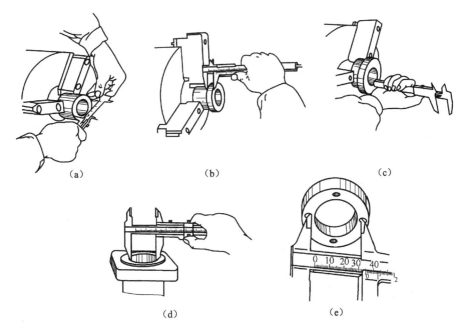

（a）　　　　　　　　（b）　　　　　　　　（c）

（d）　　　　　　　　（e）

图1-25　游标卡尺的测量举例

（a）测量外径；（b）测量台阶；（c）测量孔深；（d）测量孔径；（e）测量孔距

4. 游标卡尺的使用注意事项及保养方法

（1）游标卡尺在使用前还应做好以下几个方面的检查：

① 用软布或棉纱将尺身、游标、量爪、测量面等处擦干净。

② 卡尺不能带有磁性。

③ 尺框在尺身上的移动应灵活平稳，不能有明显的间隙、松动或卡滞。

④ 外测量爪测量面合拢后不能有明显的漏光。

⑤ 用紧定螺钉固定尺框时，卡尺的读数不应发生变化。

（2）游标卡尺在使用过程中的注意事项：

① 在用游标卡尺测量工件的过程中应摆正测量位置，不能产生歪斜，保持合适的测力。测量时应使卡尺量爪测量面与被测工件的表面在轻微移动中密切贴合，即在极轻微的移动中进行测量。

② 在测量外径时，应沿着径向找最小尺寸位置，测量内径尺寸时，在沿径向找最大尺寸位置的同时沿轴向找最小尺寸位置。测量深度时，卡尺定位端面与被测量工件的基准平面垂直。

（3）游标卡尺使用完毕后，应注意维护与保养：

① 不可把游标卡尺的量爪尖当作划针、圆规或钩子使用，以免使量爪磨损。

② 不可把游标卡尺的量爪固定后当卡规使用，以减少卡尺测量面的磨损。

③ 游标卡尺特别是大卡尺不能倾斜放置，以防卡尺弯曲变形。

④ 如果长时间不使用，应用软布将卡尺擦干净，涂上一薄层防锈油，并把卡尺放在卡尺盒内。

三、外径千分尺

外径千分尺是生产中最常用的精密量具之一，它的测量精度为 0.01 mm。

千分尺的种类很多，按用途分有外径千分尺、内径千分尺、深度千分尺、内测千分尺、螺纹千分尺和壁厚千分尺等。

测微螺杆的长度受到制造上的限制，其移动量通常为 25 mm，所以千分尺的测量范围分别为 0 ~ 25 mm、25 ~ 50 mm、50 ~ 75 mm、75 ~ 100 mm……每隔 25 mm 为一挡规格。

1. 外径千分尺的结构形状

外径千分尺的外形和结构如图 1 - 26 所示，它由尺架 1、砧座 2、测微螺杆 3、锁紧装置 4、螺纹轴套 5、固定套管 6、微分筒 7 和测力装置 10 等部分组成，

螺纹轴套 5 与尺架右端的套筒紧密配合成一个整体，而带有直线刻度的固定套管 6 固定在螺纹轴套 5 上。测微螺杆 3 的中间部分有精度很高的外螺纹与螺纹轴套 5 上的内螺纹精密配合。当配合间隙增大时，可利用螺母 8 依靠锥面调节，测微螺杆另一端的外圆锥与接头 9 的内圆锥相配，并通过螺钉与测力装置 10 连接在一起。由于接头 9 上开有轴向槽，依靠圆锥的胀力把微分筒 7 与测微螺杆 3 和测力装置 10 连成一体。旋转测力装置时，就带动测微螺杆和微分筒一起旋转，并沿轴向移动，即可测量尺寸。

测力装置 10 是保证测量而与工件接触时具有恒定的测量力，以便测出正确的尺寸。它的结构如图 1 - 26 所示。棘轮爪 12 在弹簧 11 的作用下与棘轮 13 啮合，当千分尺的测量面

与工件接触，并超过一定压力时，棘轮 13 沿着棘轮爪 12 的斜面滑动，发出"嗒嗒"响声，这时就可以读出工件尺寸。

测量前千分尺必须校正零位。测量时，为防止尺寸变动，可转动锁紧装置 4 的手柄锁紧测微螺杆。

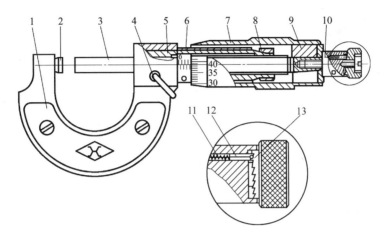

图 1 - 26 外径千分尺的结构形状

1—尺架；2—砧座；3—测微螺杆；4—锁紧装置；5—螺纹轴套；6—固定套管；
7—微分筒；8—螺母；9—接头；10—测力装置；11—弹簧；12—棘轮爪；13—棘轮

2. 外径千分尺的刻线原理及读数方法

（1）刻线原理。

千分尺的传动装置是由一对精密螺旋传动副——测微螺杆和轴套所组成，读数装置是由固定套管和微分筒所组成。由于固定套管与轴套连成一体，微分筒又与测微螺杆连成一体，因此，读数装置与传动装置的关系是相连的。

如图 1 - 27 所示，固定套管（主尺）上刻有刻线，每格为 0.5 mm，测微螺杆右端螺纹的螺距为 0.5 mm。当微分筒转动一周时，测微螺杆就移动 0.5 mm。而微分筒锥面上共有 50 条均匀刻线，因此，每当测微螺杆顺时针转动一周时，它就前进一个螺距，使两个测量面之间的距离缩小 0.5 mm。当微分筒转动一格，测微螺杆就轴向移动 0.01 mm，即 0.5/50 = 0.01（mm）。

若测微螺杆转动不到一周时，它移动的距离就不足 0.5 mm，其具体数值可以从微分筒上的刻线读出来。用微分筒读出不足 0.5 mm 的小数数值，这是各种千分尺读数的共同特点。

（2）读数方法。

在外径千分尺的固定套管上有一条纵刻线，作为微分筒读数的基准线。为了计算测微螺杆的整数转，以便得到移动量的毫米数或半毫米数，在纵刻线的上、下两侧各有一排均匀刻线，刻线间距都是 1 mm，但上、下两排刻线相互错开 0.5 mm。读数的具体步骤如下：

① 先读固定套管上的数值。读固定套管上的数值即是读出微分筒边缘在固定套管的毫米和半毫米的数

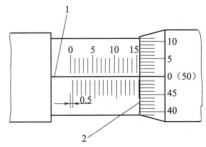

图 1 - 27 千分尺刻线

1—固定套管的纵刻线（小数指示线）；
2—微分筒的棱边（整数指示线）

值。微分筒的棱边（或称为锥面的端面）作为整毫米数的读数指示线。读数时，看微分筒棱边的左面，固定套管上露出来的刻线数值就是被测尺寸的整毫米数和半毫米数。

② 再读微分筒上的数值。读微分筒上的数值即查找微分筒上哪一格与固定套管上基准线对齐。固定套管上的纵刻线作为不足半毫米小数部分的读数指示线，读小数时，看固定套管的纵刻线与微分筒上的哪一条刻线对齐，就能读出被测尺寸的小数部分。如果 0.5 mm 的刻线没露出来，微分筒上与固定套管纵刻线对齐的那条线，就是读得的毫米小数；如果 0.5 mm 的刻线已经露出来，那就要再加上0.5 mm 才是真正的得数。

③ 得出被测尺寸。把上面两次读数的整数部分和小数部分相加，就是被测尺寸。如图1-28 所示，读数结果是（$7 + 0.5 + 35 \times 0.01$）mm = 7.85 mm。

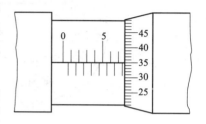

图 1 - 28 千分尺的读数实例

3. 外径千分尺的使用方法

在测量中，正确使用千分尺，可使测量方便迅速、结果准确，并可长期保持百分尺的精度。使用时要减少温度影响和保持测力恒定。

（1）使用千分尺时，要用手握住隔热装置。若用手直接拿着尺架去测量工件，时间长了会引起测量精度的改变。

（2）使用千分尺时，对允许温差有一定要求，一般情况下，要使百分尺与被测件保持相同的温度进行测量。

（3）测量时，当两个测量面将要接触被测表面时，不要旋转微分筒，只旋转测力装置的棘轮，等到棘轮发出"嗒嗒"的响声后，即可进行读数。

（4）调节距离较大时，应该旋转微分筒，而不应旋转测力装置的棘轮。只有当测量面快接触被测表面时才用测力装置。这样既可节约调节时间，又可防止棘轮过早磨损。

（5）不允许猛力转动测力装置，否则测量面靠惯性冲向被测件，测力急剧增大，测量结果不会准确。

（6）退尺时，应旋转微分筒，不要旋转测力装置，以防止拧松测力装置。

（7）外径千分尺的测量工件时可以单手握（如图 1 - 29（a）所示）、双手握（如图 1 - 29（b）和图 1 - 29（c）所示）或将千分尺固定在尺架上（如图 1 - 29（d）所示）。

4. 使用外径千分尺时的注意事项及保养方法

（1）使用外径千分尺时，应注意以下事项：

① 不允许测量带有研磨剂的表面、粗糙表面和带毛刺的边缘表面等。

② 测量时，最好在被测件上直接读出数值，然后退回测微螺杆，取下百分尺，这样可减少测量面的磨损。若必须取下千分尺读数，则先用锁紧装置把测微螺杆锁紧，再轻轻滑出千分尺。

③ 千分尺在使用前应仔细校验千分尺的精度。

④ 测量时，不要使微分筒旋转过快，以防测微螺杆的测量面与被测表面发生撞击，而使精密的测微螺杆咬住和损伤。

⑤ 当测量面接触被测表面之后，不允许用力转动微分筒。这不仅会影响测力的稳定性，破坏精确的被测表面，还会使微分筒与测微螺杆之间产生滑动，造成零位失准，同时使精密螺旋副受到损伤。

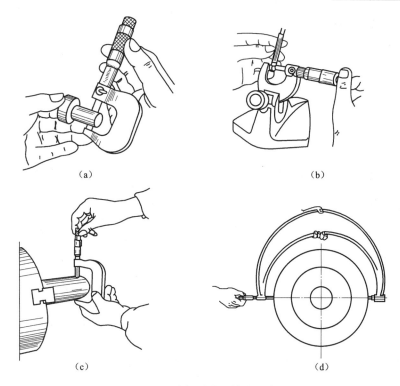

图1－29 外径千分尺的使用方法

（a）单手握；（b），（c）双手握；（d）固定在尺架上

⑥ 调节尺寸时，要慢慢均匀地转动微分筒，不允许握住微分筒挥动或摇转尺架。

⑦ 不允许测量旋转着的工件。

（2）外径千分尺的保养：

① 不能把千分尺当卡规或其他工具使用，因为这不仅会使测量面受到损伤，而且也会使测微螺杆、尺架等受强力作用而产生变形。

② 外径千分尺在使用完毕后应用干净的软布或棉纱将其外表和测量面擦干净，放在外径千分尺盒子内。

③ 不准在外径千分尺的活动套管与固定套管之间加入酒精、柴油及普通机油。

【任务准备】

（1）量具：150 mm钢直尺、0～150 mm游标卡尺、0～25 mm外径千分尺、25～50 mm外径千分尺。

（2）工件：含有外圆、阶台、沟槽、内孔等要素的轴类零件。

（3）学生的防护用品：工作服、工作帽、防护眼镜等。

【任务实施】

一、教师讲授

（1）游标卡尺、千分尺的结构与读数原理。

（2）游标卡尺、千分尺的测量方法。

（3）游标卡尺、千分尺的保养方法与使用注意事项。

二、学生分组训练

（1）小组互助学习游标卡尺、外径千分尺的识读方法。

（2）每组一个工件进行测量训练。

【任务评价】

常用量具使用评分标准如表1-4所示。

表1-4　常用量具使用评分标准

班级：		姓名：		学号：	任务：机床润滑保养		工时：	
检查项目		分值		评分标准	自检	复检	得分	
游标卡尺读数		10		读数误差不超过0.04 mm				
游标卡尺测量结果		20		测量误差不超过0.04 mm				
千分尺读数		10		读数误差不超过0.01 mm				
千分尺测量结果		20		测量误差不超过0.02				
游标卡尺使用姿势		15		动作规范，姿势正确				
千分尺使用姿势		15		动作规范，姿势正确				
量具的保养		10		是否符合保养要求				
监考人：			检验员：			总分：		

任务五　常用刀具刃磨

【任务描述】

（1）按规定的几何形状要求，手工刃磨90°外圆车刀。

（2）按规定的几何形状要求，手工刃磨45°车刀。

【任务分析】

一把新的硬质合金焊接式车刀并不能直接使用，必须刃磨出合理的几何角度才能使用。此外车刀在切削过程中受切削热和切削力的影响，使车刀的切削刃因磨损而失去切削能力，必须通过刃磨来恢复切削刃的锋利和正确的几何角度后才能使用。因此车工必须掌握手工刃磨车刀的技术。俗话说"三分技术七分刀"，由此可见车刀刃磨技术的重要性。

本任务要求学生了解常用车刀的材料、种类和用途；掌握90°车刀和45°车刀的基本角度；了解砂轮的选择与修整方法；掌握砂轮的安全操作规程；掌握90°车刀和45°车刀的刃磨方法；掌握车刀刃磨时的安全注意事项。

【相关知识】

1. 常用车刀的材料、种类和用途

（1）常用的车刀材料：

常用的车刀材料一般有高速钢和硬质合金两大类。

（2）常用车刀的种类和用途：

常用的车刀有 90°车刀、45°车刀、内孔车刀、螺纹车刀、切断刀、圆头车刀等，如图 1-30 所示，车刀的用途如图 1-31 所示。

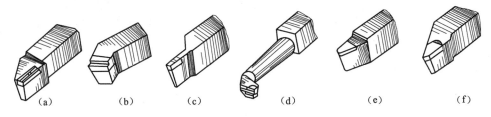

图 1-30　常用车刀的种类

（a）90°外圆车刀；（b）45°端面车刀；（c）切断（切槽）刀；（d）内孔车刀；（e）圆头车刀；（f）螺纹车刀

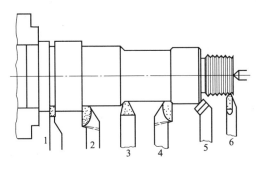

图 1-31　常用车刀的用途

1—车槽；2—车右阶台；3—车圆角；4—车左阶台；5—倒角；6—车螺纹

2. 车刀的组成

车刀是由刀柄和刀体组成的，如图 1-32 所示。刀柄是刀具的夹持部分；刀体是刀具上夹持或焊接刀片的部分，或由它形成切削刃的部分。

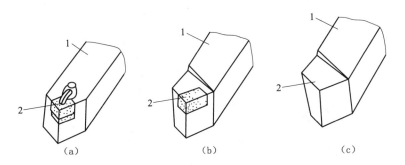

图 1-32　车刀的组成

（a）可转位；（b）焊接式；（c）整体式

1—刀柄；2—刀体

刀体是车刀的切削部分，它又由"三面二刃一尖"（即前刀面、主后刀面、副后刀面、主切削刃、副切削刃、刀尖）组成，如图 1-33 所示。

（1）前刀面：车刀上切屑流经的表面。

（2）主后刀面：车刀上与工件过渡表面相对的表面。

（3）副后刀面：车刀上与工件已加工表面相对的表面。

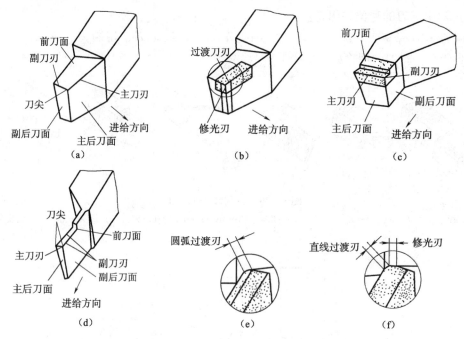

图 1 -33　刀体的组成部分

（4）主切削刃：前刀面与主后刀面相交的部位，它担负着主要的切削任务。

（5）副切削刃：前刀面与副刀面相交的部位，靠近刀尖部分参与少量的切削工作。

（6）刀尖：刀尖是主切削刃与副切削刃连接处的那一小部分切削刃。为了增加刀尖处的强度，改善散热条件，在刀尖处磨有圆弧过渡刃。

3．90°车刀与45°车刀的基本角度

（1）90°车刀的刃磨尺寸要求如图 1 - 34 所示。

（2）45°端面车刀的刃磨尺寸如图 1 - 35 所示。

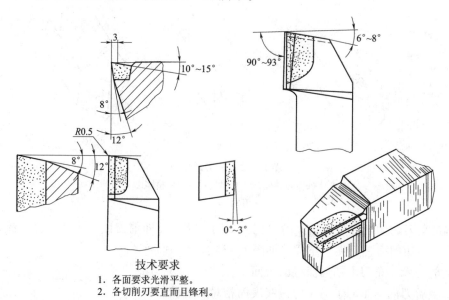

技术要求

1．各面要求光滑平整。

2．各切削刃要直而且锋利。

图 1 -34　90°车刀刃磨训练

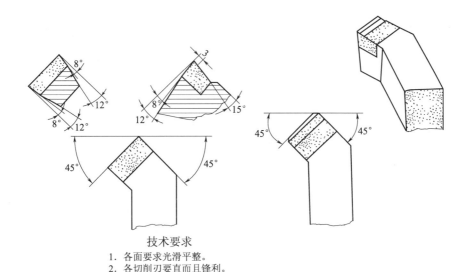

技术要求

1. 各面要求光滑平整。
2. 各切削刃要直而且锋利。

图 1-35 45°端面车刀的刃磨训练

4. 砂轮的选用

目前常用的砂轮有氧化铝和碳化硅两类，刃磨时必须根据刀具的材料来选定。

（1）氧化铝砂轮：氧化铝砂轮多呈白色，其砂粒韧性好，比较锋利，但硬度稍低，适于刃磨高速钢车刀和硬质合金的刀柄部分。氧化铝砂轮也称白刚玉砂轮。

（2）碳化硅砂轮：碳化硅砂轮多呈绿色，其砂粒硬度高，切削性能好，但较脆，适于刃磨硬质合金车刀。

砂轮的粗细以粒度表示，一般可分为 F36、F60、F80、F120 等级别。粒度号越大则表示组成砂轮的磨料越细，反之越粗。粗磨车刀时用粗砂轮，精磨车刀时用细砂轮。

5. 砂轮机安全操作规程

（1）砂轮机启动前首先检查砂轮是否有裂纹，旋转方向是否正确，砂轮必须有防护罩，使用砂轮时要戴防护眼镜。

（2）每台砂轮机最多限两人同时使用，严禁拥挤使用。

（3）操作者应该站在砂轮机的侧面位置，不允许正对砂轮磨刀。

（4）磨削时一定要把车刀或工件握牢固，不得用力过猛，更不能磨笨重物件，以防砂轮破裂飞出伤人。

（5）新更换的砂轮应该进行试运转，试运转时间不得少于 5 min，经过试运转后方能使用。

（6）在平行砂轮上磨刀时，尽可能避免使用砂轮侧面刃磨。

（7）磨刀时严禁用力过猛，避免打滑伤手。

（8）砂轮磨削表面必须经常修整，使砂轮没有明显的跳动。

（9）车刀刃磨结束后，应随手关闭砂轮机电源。

6. 车刀刃磨姿势与方法

（1）操作者应站在砂轮侧面刃磨，以防砂轮碎裂时碎片飞出伤人。

（2）两手握刀的距离放开，两肘夹紧腰部，这样可以减少磨刀时的抖动。

（3）磨刀时，车刀应放在砂轮的水平中心，刀尖略微上翘3°~8°。车刀接触砂轮后应做左右方向的水平移动。当车刀离开砂轮时，刀尖需向上抬起，以防磨好的切削刃被砂轮碰伤。

（4）磨主后刀面时，刀杆尾部向左偏过一个主偏角的角度；磨副后刀面时，刀杆尾部向右偏过一个副偏角的角度。

（5）修磨刀尖圆弧时，通常以右手握刀前端为支点，左手转动车刀尾部。

（6）刃磨硬质合金车刀时，防止刀片"骤冷"而碎裂。刃磨高速钢车刀时，应随即冷却，防止车刀过热退火，降低硬度。

7. 车刀角度的检查方法

（1）目测法。

观察车刀的几何角度是否合理，是否符合切削要求，切削刃是否锋利、平直，是否有崩刃、缺口和其他缺陷等。

（2）量角器和角度样板测量法。

对于几何角度要求较高的车刀，可用量角器检查。图1-36所示为用角度样板检查车刀角度。

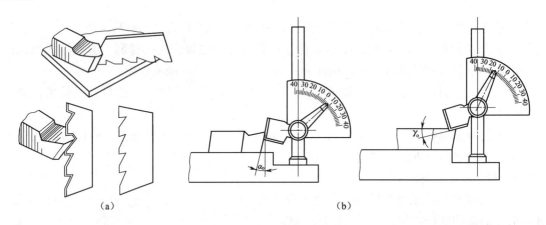

（a）　　　　　　　　　　　　　（b）

图1-36　车刀角度的检测

（a）样板测量；（b）角度尺测量

【任务准备】

（1）设备：砂轮机。

（2）待磨刀具：90°车刀和45°车刀每位学生各一把；废旧刀杆每位学生一把。

（3）砂轮：氧化铝砂轮、碳化硅砂轮。

（4）工具：金刚石笔或修砂刀。

（5）学生防护用品：工作服、工作帽、防护眼镜等。

【任务实施】

车刀刃磨的方法和步骤如下：

1. 粗磨

（1）磨去刀头部分的焊渣。

（2）粗磨主后刀面，同时磨出主偏角和主后角，如图1-37（a）所示。

（3）粗磨副后刀面，同时磨出副偏角和副后角，如图1-37（b）所示。

（4）粗磨前刀面，同时磨出刃倾角，开断屑槽，如图1-38和图1-39所示。

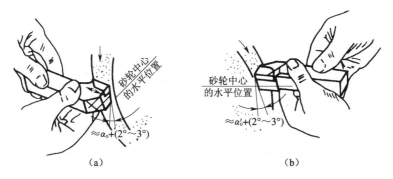

图1-37 粗磨主后刀面、副后刀面

（a）粗磨主后刀面；（b）粗磨副后刀面

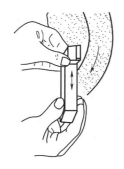

图1-38 粗磨前刀面

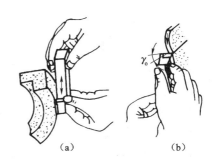

图1-39 刃磨断屑槽的方法

（a）向下磨；（b）向上磨

2.精磨

（1）精磨前刀面，精磨前角和刃倾角。

（2）精磨主后刀面和副后刀面，使各几何角度趋于合理，如图1-40所示。

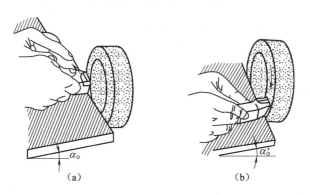

图1-40 精磨主后刀面、副后刀面

（a）精磨主后刀面；（b）精磨副后刀面

（3）精磨刀尖圆弧（过渡刃）。粗加工时刀尖圆弧为 $R0.2 \sim R0.5$ mm，精加工时刀尖圆弧为 $R0.1 \sim R0.3$ mm。必要时磨出修光刃，修光刃长度要大于进给量才能起到修光作用，修光刃长度一般为（1.2~1.5）f。

（4）为了增强车刀的切削刃强度，延长刀具寿命，还应磨出负倒棱，如图 1-41 和图 1-42 所示。

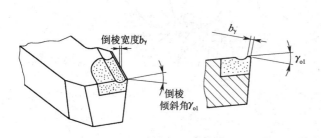

图 1-41　负倒棱

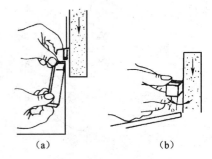

图 1-42　磨负倒棱

（a）直磨法；（b）横磨法

3. 车刀的刃磨要求

（1）车刀的角度要合理，不能过大或过小。

（2）车刀的刀刃要平直、光滑，不允许有崩刃或缺口。

（3）车刀的刀面要尽量光滑，表面粗糙度值要小于 $Ra1.6\ \mu m$。

（4）一般情况下断屑槽的宽度小于 4 mm，具体要求根据切削用量参数确定。

（5）刃倾角一般取正值，具体要求根据切削性质和切削材料确定。

（6）刀具刃磨姿势要正确，动作要规范，方法要正确。

（7）严格遵守砂轮安全操作规程。

【检查评议】

车刀刃磨质量的评分标准如表 1-5 所示。

表 1-5　车刀刃磨质量的评分标准

班级		姓名		学号		加工日期			
任务内容		90°外圆车刀、45°端面车刀的刃磨							
检测项目		检测内容	配分	评分标准		自测	教师检测	得分	
90°外圆车刀	1	前面 $Ra3.2\ \mu m$	3/2	不符合无分，降级无分					
	2	主后面 $Ra3.2\ \mu m$	3/2	不符合无分，降级无分					
	3	副后面 $Ra3.2\ \mu m$	3/2	不符合无分，降级无分					
	4	前角 10°~15°	4	超差无分					
	5	主后角 8°~12°	4	超差无分					
	6	副后角 8°~12°	4	超差无分					
	7	主偏角 90°~93°	4	超差无分					

检测项目		检测内容	配分	评分标准	自测	教师检测	得分
90°外圆车刀	8	副偏角6°~8°	4	超差无分			
	9	刃倾角0°~3°	4	超差无分			
	10	主切削刃	3	超差无分			
	11	副切削刃	2	超差无分			
	12	刀尖	2	超差无分			
45°端面车刀	1	前面 $Ra3.2\ \mu m$	3/2	不符合无分,降级无分			
	2	主后面 $Ra3.2\ \mu m$	3/2	不符合无分,降级无分			
	3	副后面(1)$Ra3.2\ \mu m$	3/2	不符合无分,降级无分			
	4	副后面(2)$Ra3.2\ \mu m$	3/2	不符合无分,降级无分			
	5	前角15°	4	超差无分			
	6	主后角8°~12°	4	超差无分			
	7	副后角(1)8°~12°	4	超差无分			
	8	副后角(2)8°~12°	4	超差无分			
	9	主切削刃	2	超差无分			
	10	副切削刃(1)	2	超差无分			
	11	副切削刃(2)	2	超差无分			
	12	刀尖两处	2	超差无分			
其他	1	安全文明实习	10	违章视情况扣分			
总配分			100	总得分			

任务六　切削液的选用

【任务描述】

了解切削液的作用和种类,能够根据加工条件合理选用切削液。

【任务分析】

在切削过程中,金属切削层发生了变形,在切屑与刀具、刀具与工件加工表面存在着剧烈的摩擦。这些都会产生大量的切削热和很大的切削力,切削液对切削热、切削温度、积屑瘤、刀具寿命都有很大的影响。若在车削过程中合理使用冷却润滑液,不仅能改善表面粗糙度,减小15%~30%的切削力,而且还会使切削温度降低100℃~150℃,从而提高刀具的使用寿命、劳动生产率和产品质量。

本任务的知识点应在生产中理论联系实践，根据加工性质、工艺特点、工件和刀具材料等具体条件来合理选用，通过实践逐步掌握切削液的选用。

【相关知识】

一、切削液的作用

切削液进入切削区，可以改善切削条件，提高工件的加工质量和切削效率。与切削液有相似功效的还有某些气体和固体，如压缩空气、二硫化钼和石墨等。

1. 冷却作用

切削液能吸收并带走切削区域大量的切削热，能有效地改善散热条件、降低刀具和工件的温度，从而延长刀具的使用寿命，防止工件因热变形而产生误差，为提高生产效率创造了极为有利的条件。切削液性能的好坏，取决于它的热导率、比热容、汽化热、汽化速度、流量和流速等。

2. 润滑作用

由于切削液能渗透到切屑、刀具与工件的接触面之间，并黏附在金属表面上，形成一层极薄的润滑膜，减小切屑、刀具与工件之间的摩擦，降低切削力与切削热，减缓刀具的磨损，因此有利于保持刀刃锋利，提高工件表面的加工质量。对于精加工，加注切削液显得尤为重要。切削液润滑的效果取决于切削液的渗透能力、吸附成膜的能力和润滑膜的强度等。

3. 清洗作用

在车削过程中，加注有一定压力和充足流量的切削液，能有效地冲走黏附在加工表面和刀具上的微小切屑及杂质，减小刀具磨损，提高加工表面粗糙度。清洗能力的好坏，主要取决于切削液的渗透性、流动性、使用压力和切削液的油性。

4. 防锈作用

在切削液中加入缓蚀剂，可以在金属表面形成一层保护膜，对机床、工件、刀具和夹具等都起到防锈作用。防锈作用的强弱，取决于切削液本身的成分和添加剂的作用。

二、常用切削液的种类

1. 水溶液

水溶液的主要成分是水，其中加入了少量的防锈和润滑作用的添加剂。水溶液的冷却效果良好，多用于普通磨削和其他精加工。

2. 乳化液

乳化液是将乳化油（由矿物油、表面活性剂和其他添加剂配成）用水稀释而成，主要起冷却作用。其特点是黏度小、流动性好、比热大，能吸收大量的切削热，但因其中水分较多，故润滑、防锈性能差。若加入一定量的硫、氯等添加剂和防锈剂，可提高润滑效果和防锈能力。

3. 切削油

切削油主要是矿物油（如机油、轻柴油、煤油等），少数采用动植物油或复合油。这类切削液的比热小、黏度较大、散热效果稍差、流动性差，但润滑效果比乳化液好，主要起润滑作用。

三、切削液的选用

切削液的种类繁多，性能各异，在车削过程中应根据加工性质、工艺特点、工件和刀具材料等具体条件来合理选用。

1．根据加工性质选用

（1）粗加工：为降低切削温度、延长刀具寿命，在粗加工中应选择以冷却为主的乳化液。

（2）精加工：为了减少切屑、工件与刀具之间的摩擦，保证工件的加工精度和表面质量，应选用润滑性能良好的极压切削油或高浓度极压乳化液。

（3）半封闭式加工：如钻孔、铰孔和深孔加工时，刀具处于半封闭状态，排屑、散热条件均非常差。这样不仅会使刀具容易退火、刀刃硬度下降、刀刃磨损严重，而且严重拉毛了加工表面。为此，须选用黏度较小的极压乳化液或极压切削油，并加大切削液的压力和流量。这样，一方面冷却、润滑，另一方面可将部分切屑冲刷出来。

2．根据工件材料选用

（1）车削一般钢件，粗车时选乳化液，精车时选硫化油。

（2）车削铸铁、铸铝等脆性金属，为了避免细小切屑堵塞冷却系统或黏附在机床上难以清除，一般不使用切削液。但在精车时，为提高工件表面加工质量，可选用润滑性好、黏度小的煤油。

（3）车削有色金属或铜合金时，不宜采用含硫的切削液，以免腐蚀工件。

（4）车削镁合金时，不能使用切削液，以免燃烧起火。必要时，可用压缩空气冷却。

（5）车削难加工材料，如不锈钢、耐热钢等，应选用极压切削油或极压切削液。

3．根据刀具材料选用

（1）高速钢刀具：粗加工选用乳化液；精加工钢件时，选用极压切削油或浓度较高的极压乳化液。

（2）硬质合金车刀：为避免刀片因骤冷或骤热而产生崩裂，一般不使用冷却液。

四、使用切削液时的注意事项

（1）油状润滑油必须用水稀释后才能使用。

（2）乳化液会污染环境，应尽量选用环保型切削液。

（3）切削液必须浇注在切削区域内，因为该区域是切削热源。

（4）硬质合金车刀一般不加注切削液，若使用必须从开始就连续充分浇注，否则硬质合金刀片会因骤冷而产生裂纹。

（5）控制好切削液的流量。流量太小或断续使用，起不到应有的作用；流量太大，则会造成切削液的浪费。

（6）加注切削液可采用浇注法和高压冷却法，浇注法简单易行、应用广泛。高压冷却法一般用于半封闭加工或车削难加工的材料。

【任务准备】

(1) 设备：多媒体设备及课件。

(2) 材料：切削液。

【任务实施】

一、教师讲解重点知识

(1) 切削液的作用和种类。

(2) 切削液的合理选用。

(3) 使用切削液时的注意事项。

二、教师带领学生参观车间，进行互助学习

(1) 学生分组，对切削液的选用进行总结归纳。

(2) 教师有针对性地对知识点进行小组提问或点名提问。

【检查评议】

评分标准如表 1 - 6 所示。

表 1 - 6　评分标准

项目	检查内容	配分	掌握情况及互动情况纪要	评分		
				自检	互检	分数
知识掌握	基本知识	40				
师生互动	指定回答	15				
	抢答	15				
	小组互动	10				
团队协作	解决问题、团结互助	20				

课题二　车削阶台轴

课题简介：

外圆柱面是常见轴类、套类零件最基本的表面。根据使用要求，在外圆柱面上还可能会有端面、阶台以及沟槽等表面。本课题重点介绍刀具的安装要求，基本安装方法，工件的安装要求、方法，以及外圆、阶台的加工与检测方法。

知识目标：

（1）了解车刀的安装要求。

（2）了解工件的安装要求。

（3）掌握切削用量的概念。

（4）了解外圆、阶台的加工与测量方法。

技能目标：

（1）掌握正确安装刀具的方法。

（2）掌握工件的安装、找正方法。

（3）根据切削性质合理选取切削用量。

（4）熟练掌握外圆、阶台的加工与测量方法。

（5）掌握外圆和长度尺寸的控制方法。

任务一　车刀和工件的安装

【任务描述】

将90°车刀正确安装在车床刀架上，毛坯工件正确安装在三爪卡盘上。

【任务分析】

刀具与工件的安装属于车削加工的基本知识，刀具与工件的安装应满足几个基本要求，即在保证加工刚性、加工精度等方面的前提条件下，要求尽量缩短刀具与工件的安装时间，提高加工效率。本任务要求学生掌握正确安装刀具和工件的方法。

【相关知识】

一、外圆车刀的种类、特征和用途

常用的外圆车刀有三种，其主偏角分别为90°、75°和45°。

1. 90°外圆车刀

90°外圆车刀简称偏刀。按车削时进给方向的不同又分为左偏刀和右偏刀两种，如

图 2 – 1 所示。

左偏刀的主切削刃在刀体右侧，如图 2 – 1（a）所示，由左向右进给（反向进刀），又称反偏刀。

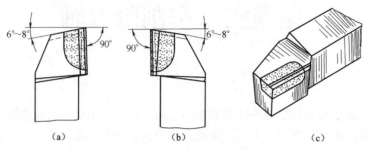

图 2 – 1　偏刀

（a）左偏刀；（b）右偏刀；（c）右偏刀外形

右偏刀的主切削刃在刀体左侧，如图 2 – 1（b）所示。由右向左进给，又称正偏刀。右偏刀一般用来车削工件的外圆、端面和右向阶台。因为它的主偏角较大，车削外圆时作用于工件径向切削力较小，不易将工件顶弯，如图 2 – 2 所示。

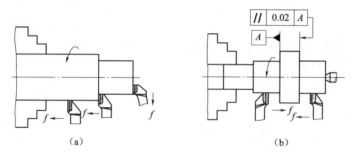

图 2 – 2　偏刀的使用

2. 75°车刀

75°车刀的刀尖角（ε_r）大于 90°，刀头强度好、耐用。因此适用于粗车轴类工件的外圆和强力切削铸件、锻件等余量较大的工件，如图 2 – 3（a）所示。其左偏刀还用来车削铸件、锻件的大平面，如图 2 – 3（b）所示。

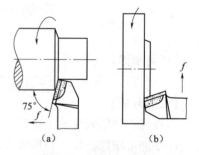

图 2 – 3　75°车刀的使用

3. 45°车刀

45°车刀俗称弯头车刀，它也分为左、右两种，如图 2 – 4 所示。其刀尖角等于 90°（$\varepsilon_r = 90°$），所以刀体强度和散热条件都比 90°车刀好。用于车削工件的端面和进行 45°倒角，也可以用来车削长度较短的外圆，如图 2 – 5 所示。

二、车刀安装

将刃磨好的车刀装夹在方刀架上，车刀安装正确与否，直接影响到车削的顺利进行和工件的加工质量，所以在装夹车刀时必须注意下列问题：

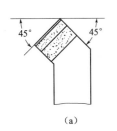 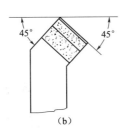 
(a)   (b)   (c)

图 2-4 45°弯头车刀

(a) 45°右弯头车刀；(b) 45°左弯头车刀；(c) 弯头车刀外形

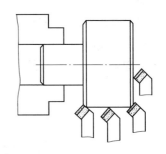

图 2-5 弯头车刀的使用

（1）车刀装夹在刀架上的伸出长度尽量短，以增强其刚性。伸出的长度为刀柄厚度的1.0~1.5倍。车刀下面垫片的数量尽量少，并与刀架边缘对齐，且至少用两个螺钉平整压紧，以防振动，如图 2-6 所示。

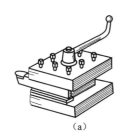 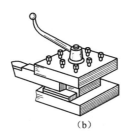 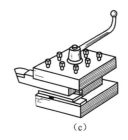
(a)   (b)   (c)

图 2-6 车刀的安装

(a) 正确；(b)，(c) 不正确

（2）车刀刀尖应与工件中心等高，如图 2-7（a）所示。车刀刀尖高于工件轴线，如图 2-7（b）所示，会使车刀的实际后角减小，车刀的后面与工件之间的摩擦增大。车刀刀尖低于工件轴线，如图 2-7（c）所示，会使车刀的实际前角减小，切削阻力增大。刀尖不对中心，在车至端面中心时会留有凸头，如图 2-7（d）所示，使用硬质合金车刀时，若忽视此点，车到中心处会使刀尖崩碎，如图 2-7（e）所示。

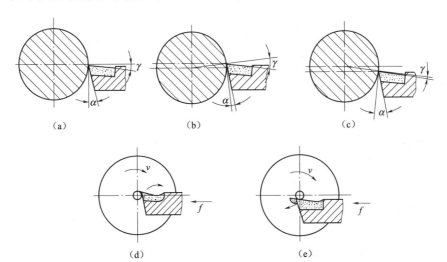

图 2-7 车刀刀尖不对准工件中心的后果

为使车刀刀尖对准工件中心，通常采用下列几种方法：

① 根据车床的中心高，用钢直尺测量装刀，如图 2-8（a）所示。

② 根据机床尾座顶尖的高低装刀，如图 2-8（b）所示。

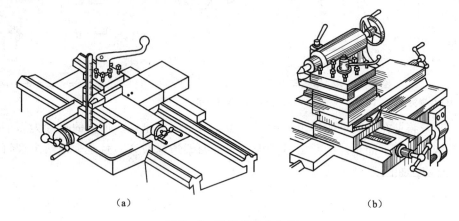

图 2-8　检查车刀中心高

（a）用钢直尺检查；（b）用尾座顶尖检查

③ 将车刀靠近工件端面，用目测估计车刀的高低，然后夹紧车刀，试车端面，再根据端面的中心来调整车刀。

（3）车刀的位置要合理，以保证车刀主、副偏角的正确性，如图 2-9 所示。

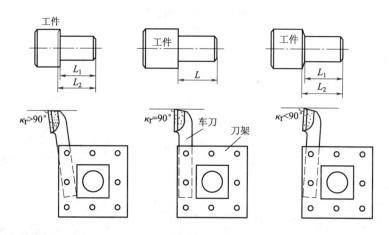

图 2-9　90°外圆车刀的安装

三、工件的安装

车削时，必须将工件安装在车床的夹具或三爪自动定心卡盘上，经过定位、夹紧，使它在整个加工过程中始终保持正确的位置。工件安装是否可靠，直接影响生产效率和加工质量，应该十分重视。

1. 在三爪自动定心卡盘上安装工件

三爪自动定心卡盘上的三个爪是同步运动的，能自动定心（一般不需要找正）。但在安装较长的工件时，工件离卡盘夹持部分较远的旋转中心不一定与车床主轴中心重合，这时必须找正，或当三爪定心卡盘使用时间较长，已失去应有的精度，而工件的加工精度要求又较高时，也需要找正。总的要求是工件的回转中心与车床主轴的回转中心重合。

2. 工件找正的几种常用方法

（1）粗加工时可以用目测和划针找正毛坯表面。

（2）半精车、精车时可用百分表找正工件外圆和端面。

（3）装夹轴向尺寸较小的工件时，可以先在刀架上装夹一圆头铜棒，再轻轻夹紧工件，然后使卡盘低速带动工件转动，移动床鞍，使刀架上的圆头棒轻轻接触已粗加工的工件端面，观察工件端面大致与轴线垂直后，停止旋转，并夹紧工件，如图 2-10 所示。

3. 工件装夹时应注意的问题

（1）要选择合适的装夹定位面，装夹部位尽量牢靠、稳妥。

（2）工件的夹紧力要大于切削力，一般要使用加力杆装夹工件。

（3）要选择直径较大、较平整光滑的表面装夹，伸出长度满足加工要求即可。

（4）找正外圆时一般要求不高，只要保证外圆有足够的加工余量，且余量尽可能均匀即可。

（5）如果毛坯工件截面呈椭圆形，应以直径小的相对两点为基准进行找正。

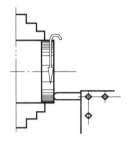

图 2-10 在三爪自动定心卡盘上找正工件端面的方法

【任务准备】

（1）设备：CA6140 型车床。

（2）刀具：90°、45°硬质合金车刀及垫片若干。

（3）材料：45 钢，尺寸规格 $\phi50 \times 100$ mm。

（4）工具：上刀、上料扳手，加力杆。

（5）学生防护用品：工作服、工作帽、防护眼镜等。

【任务实施】

一、教师讲解重点知识

（1）刀具的安装方法；

（2）车刀刀尖对准工件中心的方法；

（3）工件的安装方法；

（4）工件的找正方法。

二、教师分组示范

（1）刀具的安装方法；

（2）工件的安装及找正方法。

三、学生分组训练

（1）学生分组练习，互助学习刀具与工件的安装方法。

（2）学生学习装夹外圆车刀和端面车刀，刀尖对准工件中心，夹紧工件。

（3）教师巡回指导学生，及时解决刀具与工件安装过程中出现的问题。

（4）教师针对普遍出现的问题进行分析，学生进行总结。

【检查评议】

刀具、工件安装评分标准如表 2-1 所示。

表 2-1 刀具、工件安装评分表

项目	检查内容	配分	掌握情况	评分		
				自检	互检	分数
刀具安装	刀头伸出长度	10				
	刀尖是否对准中心	20				
	位置是否正确	10				
工件安装	装夹是否牢固	10				
	伸出长度是否合理	10				
	工件轴线与机床轴线是否重合	20				
团队协作	解决问题、团结互助	20				

任务二　切削用量的选择

【任务描述】

切削用量是衡量主运动和进给运动大小的参数，也是切削前操作人员调整机床的依据，合理选择切削用量保证加工质量、提高生产效率和经济效益有密切的联系。

【任务分析】

本任务概念较重要，一定要理论联系实际，掌握切削运动和切削用量的概念，学会合理选择切削用量。切削用量的选择关系到能否合理使用刀具与机床，对保证加工质量、提高生产效率和经济效益都具有很重要的意义。

【相关知识】

一、车削运动

车削工件时，必须使工件和刀具做相对运动。根据运动的性质和作用，车削运动主要分为工件的旋转运动（主运动）和车刀的直线（或曲线）运动（进给运动）。

1. 主运动

直接切除工件上的切削层，并使之变成切屑以形成工件新表面的运动称为主运动。车削时，工件的旋转运动就是主运动。

2. 进给运动

使工件上多余的材料不断地被切除的运动叫进给运动。根据车刀切除金属层时移动的方向不同，进给运动又可分为纵向进给运动和横向进给运动。

二、车削时形成的表面

工件在切削过程中形成了三个不断变化着的表面，即待加工表面、已加工表面和过渡表面，如图 2 – 11 所示。

（1）待加工表面：工件上有待切除的表面。

（2）已加工表面：工件上经刀具切削后形成的表面。

（3）过渡表面：工件上由切削刃切除的那部分表面，即正在加工的表面。

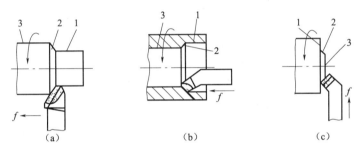

图 2 – 11　工件上的三个表面

（a）车外圆；（b）车孔；（c）车端面

1—已加工表面；2—过渡表面；3—待加工表面

三、切削用量三要素

切削用量是度量主运动和进给运动大小的参数，它包括切削速度、进给量、背吃刀量。合理选择切削用量与保证加工质量、提高生产率和经济效益有密切的联系。

1. 切削速度

在进行切削加工时，刀具切削刃选定点相对于工件主运动方向的瞬时速度，称为切削速度，单位 m/min，它是衡量主运动大小的参数。车削时主运动为旋转运动，切削速度为最大线速度，如图 2 – 12 所示。

$$v_c = \pi dn \qquad (2.1)$$

式中，v_c——切削速度（m/min）；

　　　n——车床主轴转速（r/min）；

　　　d——工件待加工表面直径（mm）。

车削时，当车床转速值 n 一定时，工件上不同直径处的切削速度不相同，在计算时应取最大的切削速

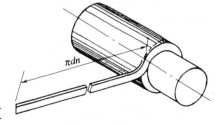

图 2 – 12　切削速度示意图

度。为此，车外圆时应以工件的待加工表面直径计算；车削内孔时则应以工件已加工表面直径计算。

车端面或切断、切槽时，切削速度是变化的，切削速度随切削直径的变化而变化。

2. 进给量

工件每转一圈，车刀沿进给方向移动的距离叫进给量。它是衡量进给运动大小的参数，用"f"表示，单位为 mm/r，如图 2–13 所示。

进给量又分为纵向进给量和横向进给量。沿床身导轨方向的进给量是纵向进给量，沿垂直于床身导轨方向的进给量是横向进给量。

3. 背吃刀量

背吃刀量是指待加工表面与已加工表面的垂直距离，用"a_p"表示，单位为 mm，如图 2–14 所示。

$$a_p = (d_w - d_m)/2 \qquad\qquad (2.2)$$

式中，d_w——待加工表面直径（mm）；

d_m——已加工表面直径（mm）。

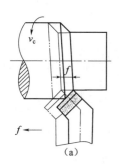 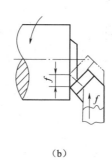 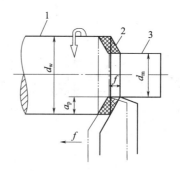

图 2–13　进给量示意图	图 2–14　背吃刀量示意图
（a）纵向进给量；（b）横向进给量	1—待加工表面；2—过渡表面；3—已加工表面

四、切削用量的选择

合理选择切削用量是指在工件材料、刀具材料和几何角度及其他切削条件已经确定的情况下，选择切削用量三要素的最优化组合来进行切削加工。

1. 粗加工切削用量的选择

粗加工时，加工余量大，主要考虑尽可能提高生产效率和保证必要的刀具寿命。合理的选择是：首先选用较大的背吃刀量，以减少走刀次数；其次，为缩短进给时间选择较大的进给量；当背吃刀量和进给量确定之后，在保证刀具寿命的前提下，再选择相对较大而且合理的切削速度。

2. 半精车、精车时切削用量的选择

半精车、精车阶段，加工余量较小，主要是考虑保证加工精度和表面质量。当然也要注意提高生产效率及保证刀具寿命。

根据工艺要求留给半精车、精车的加工余量，原则上是在一次进给过程中切除。若工件的表面粗糙度要求较高，一次进给无法达到表面粗糙度要求时，应分二次进给，但最后一次进给的背吃刀量不得小于 0.1 mm。

半精车、精车时的进给量应选得小些，切削速度应根据刀具材料选择。高速钢应选择较低的切削速度（<5 m/min），以降低切削温度、保持刃口锐利；硬质合金车刀应选择较高的切削速度（>80 m/min），这样既可以提高工件表面质量，又可以提高生产效率。切削速度的参考值也可以在切削用量手册中查找。

【任务准备】

（1）设备：CA6140 型车床、多媒体设备及课件。

（2）工件：带阶台的圆柱形工件。

（3）刀具：45°或 75°硬质合金车刀。

【任务实施】

一、教师讲解重点知识

（1）切削时工件形成的三个表面。

（2）切削用量三要素及如何合理选择切削用量。

二、教师带领学生参观车间，进行互助学习

（1）教师分组示范进给量的调整。

（2）学生分组，对切削用量要素进行总结归纳。

（3）教师有针对性地对知识点进行小组提问或点名提问。

【检查评议】

评分标准如表 2 - 2 所示。

表 2 - 2　评分标准

项目	检查内容	配分	掌握情况及互动纪要	评分		
				自检	互检	分数
知识掌握	基本知识（习题）	40				
师生互动	指定回答	15				
	抢答	15				
	小组互动	10				
团队协作	解决问题、团结互助	20				

任务三　外圆、阶台的加工

【任务描述】

按图样要求完成外圆、阶台的加工，并达到相关技术要求，如图 2 - 15 所示。

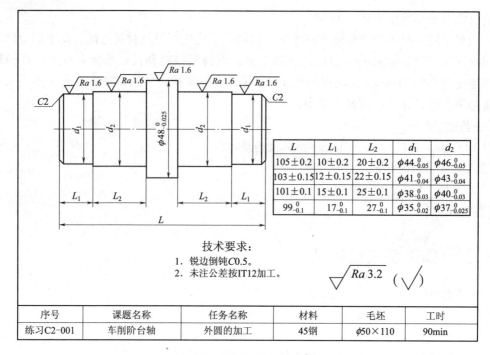

L	L_1	L_2	d_1	d_2
105 ± 0.2	10 ± 0.2	20 ± 0.2	$\phi44_{-0.05}^{0}$	$\phi46_{-0.05}^{0}$
103 ± 0.15	12 ± 0.15	22 ± 0.15	$\phi41_{-0.04}^{0}$	$\phi43_{-0.04}^{0}$
101 ± 0.1	15 ± 0.1	25 ± 0.1	$\phi38_{-0.03}^{0}$	$\phi40_{-0.03}^{0}$
$99_{-0.1}^{0}$	$17_{-0.1}^{0}$	$27_{-0.1}^{0}$	$\phi35_{-0.02}^{0}$	$\phi37_{-0.025}^{0}$

技术要求:
1. 锐边倒钝 $C0.5$。
2. 未注公差按 IT12 加工。

$\sqrt{Ra\,3.2}$ ($\sqrt{}$)

序号	课题名称	任务名称	材料	毛坯	工时
练习C2-001	车削阶台轴	外圆的加工	45钢	$\phi50\times110$	90min

图 2 - 15 外圆、阶台加工图样

【任务分析】

此阶台轴形状简单,加工精度由低到高,要根据其形状特点正确选择装夹方法和刀具类型。车削阶台轴时,不仅要车削外圆,还要车削环形阶台端面,是外圆车削和平面车削的组合。因此车削阶台时既要保证外圆的尺寸精度和阶台面的长度要求,还要保证阶台平面与工件轴线的垂直度要求。本任务要求学生掌握正确安装车刀和工件的方法,掌握手动、自动进给车削端面和外圆的方法,掌握外圆和长度尺寸的控制与测量方法,初步掌握切削用量的选择及阶台轴加工工艺的编制方法。

【相关知识】

一、端面的加工方法

开动车床使工件旋转,对刀后移动床鞍或小滑板控制背吃刀量,然后均匀摇动中滑板进给,由工件外缘向中心或由工件中心向外缘进行端面车削,如图 2 - 16 和图 2 - 17 所示。45°车刀车削端面的具体过程为:开动车床使工件旋转→工件端面纵向对刀→中滑板横向退刀→纵向进刀(背吃刀量)→中滑板横向进刀→车至端面中心→纵向、横向退刀→停机。

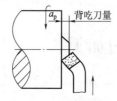

图 2 - 16 由外缘向中心车端面

图 2 - 17 由中心向外缘车端面

二、手动进给车削外圆的方法

移动床鞍至工件右端，横向对刀后中滑板控制背吃刀量，移动床鞍做纵向移动车削外圆，一次进给车削完毕，再纵向移至工件右端进行第二、第三次进给车削，直至符合图样要求为止，如图 2 – 18 所示。90°外圆刀车削外圆的具体过程为：开动机床使工件旋转→外圆对刀→床鞍纵向退刀→中滑板横向进刀（背吃刀量）→手动纵向进给→车至规定长度→退刀→停机→测量。

三、倒角的方法

当端面、外圆车削完毕，然后移动刀架，使车刀的主切削刃与工件外圆成45°夹角，再移动车刀至工件外圆和端面相交处进行倒角，如图 2 – 19 所示。C1 是指倒角在外圆上的轴向或横向长度为 1 mm。

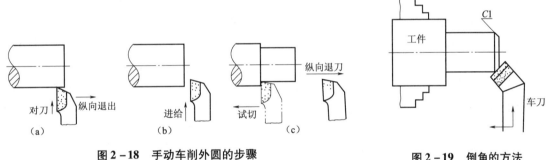

图 2 – 18　手动车削外圆的步骤
（a）对刀；（b）进给；（c）试切，纵向退刀

图 2 – 19　倒角的方法

四、外圆尺寸的控制方法

控制外圆尺寸时最常用的方法就是试切削法。工件在车床上安装以后，要根据工件的加工余量决定进给的次数和每次进给的背吃刀量。半精车和精车时，为了准确地进给，保证工件的尺寸精度，只靠刻度盘进给是不行的。因为刻度盘和丝杠都是有误差的，往往不能满足精车的要求，这时候就要采用试切削法，即根据直径余量的 1/2 做横向进给，当车刀在外圆上纵向移动 2 mm 左右时，纵向快速退出车刀（横向不动），然后停机测量，如果尺寸已符合要求，即可进行车削。否则再进给剩余余量，再次试切削、测量，直至尺寸符合要求。

试切削的方法与步骤如下，如图 2 – 20 所示。

（1）开车对刀，使刀尖与工件外圆轻轻接触。

（2）横向不动，向右纵向快速退刀。

（3）中滑板横向进给 a_{p1}。

（4）纵向车削外圆长度 2 ~ 3 mm。

（5）横向不动，向右纵向快速退出车刀，停机测量。

（6）如果尺寸没达到要求尺寸，再次进给 a_{p2}。

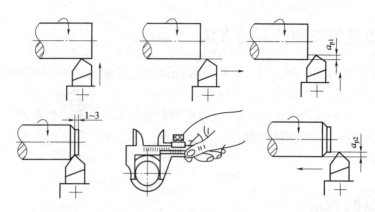

图 2 - 20　试切削的方法与步骤

五、机动进给车削阶台轴的方法

（1）使用机动进给车削工件的过程和手动进给车削的过程是一样的，只不过将手动进给变成机动进给。具体过程为：开机→试切→机动进给→纵（横）向车削外圆或端面→车至接近终止长度时停止自动进给→改用手动进给车至最终长度要求→退刀→停机→测量。

（2）车削阶台工件的方法。车削阶台轴工件时，通常使用 90°车刀。当车削阶台轴肩较小的阶台时，安装车刀时主偏角应为 90°。当车削轴肩较大的阶台时，车刀的主偏角应大于 90°，一般取 93°。如图 2 - 21 所示。车削阶台工件时一般分粗车和精车，粗车时，阶台长度除第一个阶台长度稍微短些（留精车余量）外，其余各阶台可车至长度规定要求。精车时，通常在机动进给精车外圆至接近阶台处时，机动进给变为手动进给，当手动进给车削至阶台面根部时，纵向进给变为横向进给，中滑板由里向外精车阶台平面，从而将阶台端面车平，以保证阶台平面与工件轴线的垂直度要求，如图 2 - 22 所示。

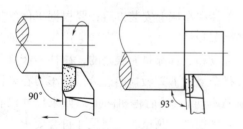

图 2 - 21　车削阶台工件时主偏角的选择

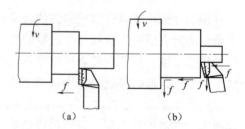

图 2 - 22　阶台的车削
（a）车削低阶台；（b）车削高阶台

六、阶台轴尺寸的测量方法

1. 外圆尺寸的测量方法

外圆尺寸精度要求不高时，可用游标卡尺测量；当精度要求较高时，可用外径千分尺测量，如图 2 - 23 和图 2 - 24 所示。

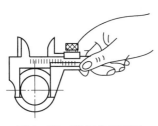

图 2 - 23　游标卡尺测量

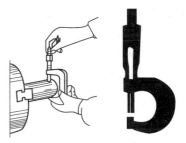

图 2 - 24　外径千分尺测量

2．阶台长度尺寸的控制和测量方法

车削前根据阶台长度先用刀尖在工件表面划线，如图 2 - 25 和图 2 - 26 所示，然后按线痕进行粗车。当粗车完成后，阶台长度基本符合要求。在精车外圆最后一刀前，最好把阶台长度控制好，再精车最后一刀外圆。

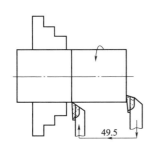

图 2 - 25　粗车时用刀尖划线

49.5

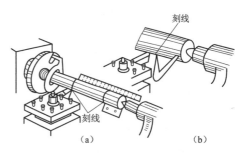

图 2 - 26　阶台长度的划线控制法

（a）钢直尺控制；（b）内卡钳控制

阶台长度的测量方法，通常采用钢直尺、游标卡尺检测，如图 2 - 27 所示。如精度要求较高，则可用游标深度卡尺测量，如图 2 - 28 所示。

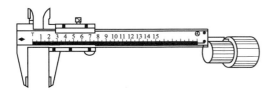

图 2 - 27　游标卡尺测量阶台长度

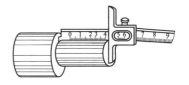

图 2 - 28　游标深度卡尺测量阶台长度

七、切削用量的选择

车削工件一般分为粗车和精车。

1．粗车

尽可能在较短的时间去除最大余量，以提高生产效率。粗加工通常采用大背吃刀量、大进给量和较低的转速。

2．精车

精车的主要作用是保证零件的加工质量和表面质量，精加工通常采用较高的转速、较小的进给量和较小的背吃刀量。

切削用量的具体选择方法参照任务二来确定。

【任务准备】

（1）设备：CA6140 型车床。

（2）刀具：90°、45°硬质合金车刀及刀垫若干。

（3）量具：游标卡尺（0～150 mm）、游标深度卡尺（0～200 mm）、表面粗糙度样板。

（4）备料：45 钢，尺寸规格 ϕ50 mm×110 mm。

（5）工具：油枪，划线盘，螺钉旋具，车床上刀、上料扳手，铁钩子等。

（6）学生防护用品：工作服、工作帽、防护眼镜等。

【任务实施】

一、加工前准备

（1）编制阶台轴加工工艺并填写工艺卡片，如表 2－3 所示。

（2）检查车床各部分机构是否完好，低速空车运转。

（3）对导轨、刀架、尾座、丝杠和光杠、进给箱等部位进行润滑。

（4）装夹外圆车刀和端面车刀，刀尖对准工件中心，夹紧工件。

二、教师分组示范

（1）示范手动、自动进给车削端面的方法。

（2）示范手动、自动进给车削外圆、阶台的方法。

（3）示范外圆、阶台的检测方法。

三、学生分组、互助、加工阶台轴

按表 2－3 加工工艺卡片中的加工步骤加工工件。

表 2－3　加工工艺卡片

姓名：		加工工艺卡片	日期：	
班级：			实训车间：机加工车间	
工位号：			得分：	
工件名称：阶台轴		图样编号：C2－001		
毛坯材料：45 钢		毛坯尺寸：ϕ50 mm×110 mm		

序号	内容	a_p/mm	$n/$ (r·min^{-1})	$f/$ (mm·min^{-1})	工卡量具	备注
1	检查毛坯尺寸 ϕ50 mm×110 mm 是否合格				游标卡尺	
2	装夹毛坯，工件伸出 75 mm 左右，车端面	1	450	0.33	游标卡尺	

序号	内容	a_p/mm	n/(r·min^{-1})	f/(mm·min^{-1})	工卡量具	备注
3	粗车外圆 ϕ48 mm、d_1、d_2，长度 L_1、L_2。外圆留精加工余量 0.5 mm，长度留 0.3 mm	2	450	0.33	游标卡尺	
4	精车外圆 ϕ48 mm、d_1、d_2，长度 L_1、L_2 至尺寸要求	0.2~0.3	1 120	0.1	游标卡尺	
5	倒角 $C2$，倒钝		1 120	手动	游标卡尺	
6	掉头装夹 ϕ48 mm 外圆，伸出长度 35 mm 左右，控制总长 L	1	450	0.2	游标卡尺	
7	粗车外圆 d_1、d_2，长度 L_1、L_2。外圆留精加工余量 0.5 mm，长度留 0.3 mm	2	450	0.33	游标卡尺	
8	精车外圆 ϕ48 mm、d_1、d_2，长度 L_1、L_2 至尺寸要求	0.2~0.3	1 120	0.1	游标卡尺	
9	倒角 $C2$，倒钝		1 120	手动	游标卡尺	
10	按图样各项技术要求进行自检、互检并拆下工件				游标卡尺	

【检查评议】

阶台轴工件的检测标准，如表 2-4 所示。

表 2-4　评分标准

班级：		姓名：		工位号：	任务：车削阶台轴	工时：60 min
项目	检测内容	分值	评分标准	自检	互检	得分
外圆	d_1，Ra1.6 μm（两处）	20/10	超差全扣，表面粗糙度降级全扣			
	d_2，Ra1.6 μm（两处）	20/10	超差全扣，表面粗糙度降级全扣			
长度	L_1	8	超差全扣			
	L_2	8	超差全扣			
	L	8	超差全扣			
倒角	$C2$（2处）	4	超差全扣			
倒钝	$C0.5$（4处）	2	超差全扣			
	安全文明生产	10	视情况酌情扣分			
监考人：			检验员：		总分：	

课题三 车削外圆沟槽及切断

课题简介：

在车削加工中，把棒料或工件切成两段（或数段）的加工方法叫切断。切断的关键是切断刀几何参数的选择及其刃磨和切削用量的选择。

车削外圆及轴肩部分的沟槽，称为外沟槽。常见的外沟槽有：外圆沟槽、45°外沟槽、外圆端面沟槽和圆弧沟槽等，如图 3 – 1 所示。

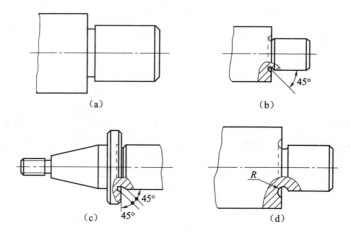

图 3 – 1   常见的各种沟槽

（a）外圆沟槽；（b）45°外沟槽；（c）外圆端面沟槽；（d）圆弧沟槽

本课题通过工艺理论知识的学习，了解槽的种类和作用，掌握切断刀和切槽刀的刃磨及安装方法，掌握外沟槽的车削过程和测量方法。经过技能操作训练，逐步掌握工件的切断与外沟槽的车削方法，完成外沟槽的车削与工件的切断。

知识目标：

（1）了解切断的概念和外沟槽的种类、作用。

（2）了解切断刀与切槽刀的组成部分和几何角度。

（3）了解切断刀和切槽刀的刃磨方法。

（4）懂得切断和车外沟槽时产生废品的原因及预防方法。

技能目标：

（1）掌握切断刀和切槽刀的刃磨方法。

（2）掌握切槽与切断的加工方法。

（3）掌握切断和车外沟槽时切削用量的选择方法。

（4）掌握切断刀折断的主要原因和切断时防止振动的方法。

任务一　切断刀刃磨

【任务描述】

切断刀以横向进给为主，前端的切削刃为主切削刃，两侧的切削刃为副切削刃。一般切断刀的主切削刃较窄，刀体较长，因此刀体强度较差，在选择刀体的几何参数和切削用量时，要特别注意提高切断刀的强度问题。如图3-2所示硬质合金切断刀，请选择合适砂轮正确刃磨刀具。

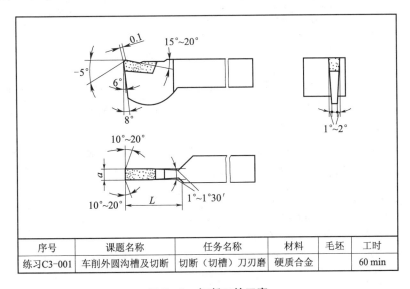

序号	课题名称	任务名称	材料	毛坯	工时
练习C3-001	车削外圆沟槽及切断	切断（切槽）刀刃磨	硬质合金		60 min

图3-2　切断刀的刃磨

【任务分析】

切断刀主要用于切断工件或车槽，其几何角度与外圆车刀的几何角度有所不同。本任务主要是刃磨如图3-2所示的硬质合金切断刀。

刃磨要求：面平、刃直、角度合理。

【相关知识】

一、切断刀的结构和角度

1. 高速钢切断刀

高速钢切断刀，如图3-3所示。

（1）前角（γ_o）：切断中碳钢材料时$\gamma_o = 20° \sim 30°$，切断铸铁材料时$\gamma_o = 0° \sim 10°$。

（2）后角（α_o）：切断塑性材料时取大些，切断脆性材料时取小些，一般取$\alpha_o = 6° \sim 8°$。

（3）副后角（α'_o）：切断刀有两个对称的副后角$\alpha'_o = 1° \sim 2°$，其作用是减少副后刀面与工件已加工表面的摩擦。

（4）主偏角（κ_r）：切断刀以横向进给为主，因此$\kappa_r = 90°$。为防止切断时在工件端面中心外留有小凸台及使切断空心工件不留飞边，可以把主切削刃略磨斜些，如图3-4所示。

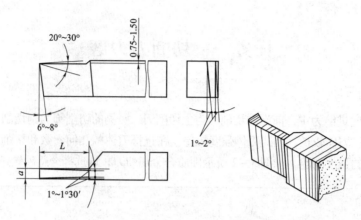

图 3 - 3　高速钢切断刀

（5）副偏角（κ'_r）：切断刀的两个副偏角必须对称，否则会因两边所受切削抗力不均而影响平面度和断面对轴线的垂直度。为了不削弱刀头强度，一般取

$$\kappa'_r = 1° \sim 1°30'$$

（6）主切削刃宽度（a）：主切削刃太宽会因切削力太大而振动，同时浪费材料；太窄又会削弱刀体强度。因此主切削刃宽度可用下面的经验公式计算：

$$a \approx (0.5 \sim 0.6)\ d \tag{3.1}$$

式中，a——主切削刃宽度（mm）；

　　　d——工件待加工表面直径（mm）。

（7）刀体长度（L）：刀体太长也容易引起振动和使刀体折断。

刀体长度，如图 3 - 5 所示，可用下式计算：

$$L = h + (2 \sim 3)\ \text{mm} \tag{3.2}$$

式中，L——刀体长度（mm）；

　　　h——切入深度（mm）。

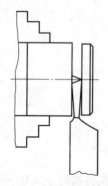

圈 3 - 4　斜刃切断刀

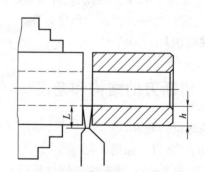

图 3 - 5　切断刀的刀体长度

（8）卷屑槽：切断刀的卷屑槽不宜磨得太深，一般为 0.75 ~ 1.50 mm，如图 3 - 6（a）所示。卷屑槽磨得太深，其刀头强度差，容易折断，如图 3 - 6（b）所示；更不能把前面磨得低或磨成阶台形，如图 3 - 6（c）所示，这种刀切削不顺利，排屑困难，切削负荷大，刀头容易折断。

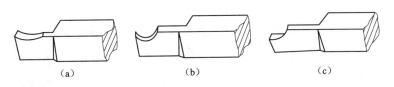

图3-6　卷屑槽

（a）正确；（b），（c）错误

2. 硬质合金切断刀

用硬质合金切断刀高速切断工件时，切屑和工件槽宽相等，容易将切屑堵塞在槽内。为了排屑顺利，可把主切削刃两边倒角或磨成人字形，如图3-7所示。

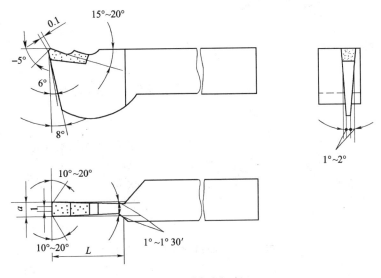

图3-7　硬质合金切断刀

高速切断时，会产生很大的热量。为防止刀片脱焊，在开始切断时应浇注充分的切削液。为增加刀体的强度，常将切断刀体下部做成凸圆弧形，如图3-7所示。

3. 反切刀

切削直径较大的工件时，由于刀头较长，刚性较差，容易引起振动，这时可采用反向切断法，即工件反转，用反切刀来切断，如图3-8所示。这样切断时，切削力 F_c 的方向与重力 G 方向一致，不容易引起振动。另外，反向切断时切屑从下面排出，不容易堵在工件槽内。

使用反向切断时，卡盘与主轴连接部分必须装有保险装置。此时刀架受力是向上的，故刀架应有足够的刚性。

4. 弹性切断刀

弹性切断刀是将切断刀做成刀片，再装夹在弹性刀柄上，如图3-9所示。当进给量过大时，弹性刀柄受力变形，刀柄的弯曲中心在刀柄上面，刀头会自动让刀，可避免扎刀，防止切断刀折断。

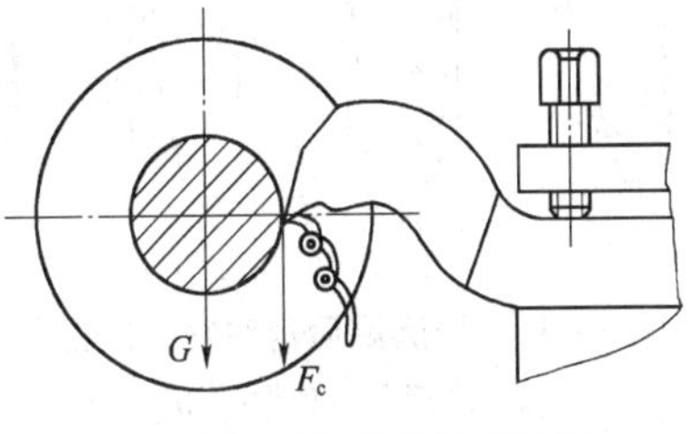

图3-8　反切断法和反切刀

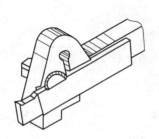
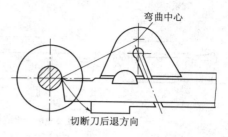

图 3 - 9　弹性切断刀

5. 车槽刀

外沟槽车刀的角度和形状与切断刀基本相同。在车较窄的外沟槽时，车槽刀的主切削刃宽度应与槽宽相等，刀体长度要略大于槽深。

二、切断（切槽）刀的刃磨方法

（1）切断刀的刃磨方法以高速钢车刀为例，具体步骤如图 3 - 10 所示。

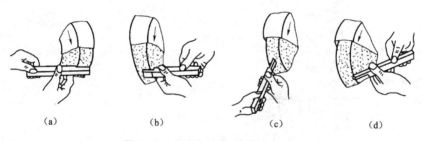

（a）　　　　　（b）　　　　　（c）　　　　　（d）

图 3 - 10　切断刀的刃磨步骤和方法

（a）刃磨左侧副后刀面；（b）刃磨右侧副后刀面；（c）刃磨主后刀面；（d）刃磨前刀面

① 刃磨左侧副后刀面：两手握刀，车刀前面向上，同时磨出左侧副后角和副偏角。通常将左侧副后刀面磨出即可，刀宽的余量应放在车刀的右侧副后刀面去磨，以获得两侧副偏角和副后角。

② 刃磨右侧副后刀面：两手握刀，车刀前面向上，同时磨出右侧副后角和副偏角。

要求两副后角对称，两副偏角对称。刃磨副后角和副偏角时应避免出现以下不合理的现象，如图 3 - 11 和图 3 - 12 所示。

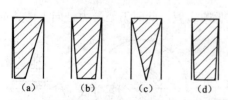

（a）　　（b）　　（c）　　（d）

图 3 - 11　刃磨副后角时容易产生的问题

（a）副后角不对称；（b）正确；

（c）副后角太大；（d）副后角太小

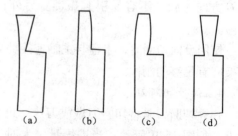

（a）　　（b）　　（c）　　（d）

图 3 - 12　刃磨副偏角时容易产生的问题

（a）副偏角太大；（b）副偏角为负值；

（c）切削刃不平直；（d）正确

在刃磨切断刀两侧的副切削刃时，刀头与砂轮表面的接触点应放在砂轮的边缘上，轻轻移动车刀，仔细检查和修整两副切削刃的直线度，以保证两副后面平直、对称，并得到需要的刀头宽度。

③ 刃磨主后刀面：前刀面向上，同时磨出主后角和主偏角，注意保证主切削刃平直。

④ 刃磨前刀面：开卷屑槽，磨出前角卷屑槽不能太深或太低，一般深度为 0.75 ~ 1.50 mm，长度应超过切入深度，如图 3 - 6 所示。

⑤ 修磨刀尖圆弧：磨出过渡刃，在两边的刀尖处各磨一个小圆弧，以保护刀尖。

（2）刃磨注意事项：

① 磨刀时要戴防护眼镜。

② 车刀刃磨时，不能用力过大，以免打滑伤手。

③ 车刀高低应控制在砂轮机水平中心，刀尖略为向上翘。

④ 车刀刃磨时应做水平的左右移动，以免砂轮机出现凹坑。

⑤ 应避免在砂轮机侧面刃磨。

⑥ 砂轮磨削表面必须经常修整，砂轮机应没有明显跳动。

⑦ 刃磨车刀时，操作者应站在砂轮机的侧面。

⑧ 刃磨高速钢车刀时，应注意随时冷却，以防退火；硬质合金车刀在刃磨时，车刀不能放在水中冷却，以防刀片碎裂，同时在刃磨过程中不能用力过猛，否则车刀刀头的焊接处在高温下容易脱落。

⑨ 刃磨两侧副后角时，应以车刀的底面为基准，用金属直尺或 90° 角尺检查，如图 3 - 13 所示。

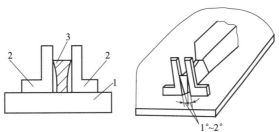

图 3 - 13　用 90° 角尺检查两侧副后角

1—平板；2—90° 角尺；3—切断刀

（3）质量分析，刃磨切断刀时容易出现的问题及要求如表 3 - 1 所示。

表 3 - 1　刃磨切断刀时容易出现的问题及要求

几何参数	缺陷类型	后果	要求
前角	卷屑槽太深	刀体强度低，容易使刀体折断	正确刃磨卷屑槽
	前刀面被磨低	切削不顺畅，排屑困难，切削负荷大，刀体易折断	
副后角	副后角为负值	会与工件侧面发生摩擦，切削负荷大	以车刀底面为基准，用钢直尺或直角尺检查切断刀的副后角（1° ~ 2°）

续表

几何参数	缺陷类型	后果	要求
副后角	副后角太大	刀体强度低,车削时刀体容易折断	以车刀底面为基准,用钢直尺或直角尺检查切断刀的副后角(1°~2°)
副偏角	副偏角太大	刀体强度低,容易折断	以刀柄中心为基准,用钢直尺或直角尺检查切断刀的副偏角(1°~1°30′)
	副偏角为负值	不能用直进法进行车削,切削负荷大	
	副切削刃不平直		
	左侧刃磨得太多	不能车削有高阶台的工件	

【任务准备】

(1) 设备:砂轮机、氧化铝砂轮片、碳化硅砂轮片。

(2) 待磨刀具:硬质合金切断刀(每位学生一把),废旧切断刀(每位学生一把)。

(3) 辅助工具:金刚石笔或砂轮刀。

(4) 学生防护用品:工作服、工作帽、防护眼镜等。

【任务实施】

一、刃磨步骤

1. 粗磨

(1) 刃磨左侧副后刀面:两手握刀,车刀前面向上,同时磨出左侧副后角和副偏角。

(2) 刃磨右侧副后刀面:两手握刀,车刀前面向上,同时磨出右侧副后角和副偏角。

(3) 刃磨主后刀面:前刀面向上,同时磨出主后角和主偏角,注意保证主切削刃平直。

(4) 刃磨前刀面。

2. 精磨

(1) 修磨前刀面,刃磨卷屑槽,磨出前角。

(2) 修磨主后刀面。

(3) 修磨左右两侧副后刀面。

(4) 修磨刀头圆弧。

二、刃磨要求和原则

(1) 刃磨要求:切断(切槽)刀主切削刃应平直,并垂直于刀体中心线;应使两副偏角、两副后角刃磨对称,两刀尖高低相等。

(2) 刃磨原则:上宽下窄、前宽后窄、左右对称。

【检查评议】

切断(切槽)刀刃磨评分标准如表3-2所示。

表3-2　切断（切槽）刀刃磨评分标准

班级：		姓名：		工位号：	任务：切断（切槽）刀刃磨		工时：
检测项目		分值	评分标准		自检	互检	得分
粗磨主后刀面		10	磨出主后角和主偏角				
粗磨两侧副后刀面		20	磨出两副后角和副偏角，左右对称				
粗磨前刀面		10	刀面光洁				
精磨前刀面，磨断屑槽		20	磨出前角，断屑槽形状规整，尺寸合适				
精磨主后刀面和副后刀面		20	刀口平直光洁，主、副后角达到规定要求				
精磨刀尖圆弧（过渡刃）		10	大小适中				
安全文明生产		5	爱护刀具和砂轮，没有出现损坏				
操作规范性		5	动作规范，姿势正确				
监考人：			检验员：			总分：	

任务二　沟槽加工及切断

【任务描述】

在工件上车各种形状的槽叫车沟槽。外圆和平面上的沟槽叫外沟槽，内孔的沟槽叫内沟槽。

沟槽的形状和种类较多，常用的外沟槽有矩形沟槽、圆形沟槽、梯形沟槽等。矩形沟槽的作用通常是使所装配的零件有正确的轴向位置，在磨削、车螺纹、插齿等加工过程中便于退刀。如图3-14所示矩形沟槽，请选择合适的刀具进行加工。

【任务分析】

车槽和切断是车工的基本操作技能之一，相对难度较大，能否掌握好关键在于刀具的刃磨质量。在切削加工中车刀是以横向进给为主，会产生较大的背向力，易引起振动，所以要求机床有足够的刚度，刀具的主切削刃不宜太宽，因其刀头强度相对较低，所以在选择刀具几何角度时应特别注意。本任务要求学生掌握车槽和切断的方法及注意事项，掌握外圆沟槽的检测方法。

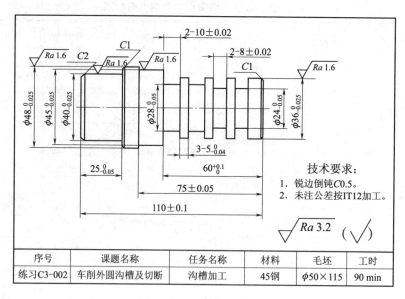

序号	课题名称	任务名称	材料	毛坯	工时
练习C3-002	车削外圆沟槽及切断	沟槽加工	45钢	$\phi50\times115$	90 min

图 3-14　矩形沟槽加工

【相关知识】

一、外圆沟槽的加工方法

1. 槽的种类

按照槽的作用可分为：

（1）密封槽：轴类零件阶台上的槽，有利于零件的配合，套类零件的槽中嵌入油毛毡可以防止轴上的润滑油溢出。

（2）退刀槽：车内外螺纹或车孔用作退刀。

（3）轴向定位槽：有的轴套较长，在孔中开有内沟槽，便于加工和定位。

（4）油气通道槽：在各种液压和气压滑阀中开槽，用来通油或通气。

按照槽的结构可分为外圆槽、内孔槽和端面槽，如图 3-15 所示。槽的作用一般是为了磨削时或车螺纹时退刀方便。

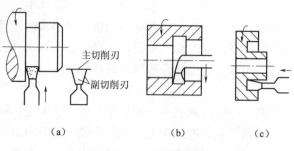

图 3-15　车槽与车槽刀

（a）外圆槽；（b）内孔槽；（c）端面槽

2. 车槽刀的安装方法

车槽刀的装夹是否正确，对车槽的质量有直接的影响。

（1）为了增加切断刀和车槽刀的刚性，安装时车刀不宜伸出过长。

（2）车槽刀的主切削刃中心线必须垂直于工件轴线，确保两副后角对称，否则车出的槽壁不会平直。

（3）安装车槽刀时，刀具的主切削刃必须与车床主轴中心线平行，否则会造成车槽刀的损坏。

（4）用切断刀切断实心工件时，主切削刃必须与工件旋转中心等高，否则不能车到工件中心，而且容易崩刀，甚至折断车刀。

3. 切断和切槽时的切削用量

（1）背吃刀量（a_p）：切断和切槽时的背吃刀量等于主切削刃的宽度 a。

（2）进给量（f）：切断切槽刀的刀头强度较低，应适当减小进给量。

进给量过大时容易使刀头折断；进给量过小会使刀具后刀面和工件表面强烈摩擦，引起振动。进给量的大小应根据工件和刀具材料决定。

① 高速钢刀具的进给量：切削钢件时，$f = 0.05 \sim 0.1$ mm/r；切削铸铁时，$f = 0.1 \sim 0.2$ mm/r。

② 硬质合金刀具的进给量：切削钢件时，$f = 0.1 \sim 0.2$ mm/r；切削铸铁时，$f = 0.15 \sim 0.25$ mm/r。

（3）切削速度（v_c）。

① 高速钢刀具的切削速度：切削钢件时，$v_c = 0.5 \sim 0.67$ m/s；切削铸铁时，$v_c = 0.25 \sim 0.42$ m/s。

② 硬质合金刀具的切削速度：切削钢件时，$v_c = 1.33 \sim 2$ m/s；切削铸铁时，$v_c = 1.0 \sim 1.67$ m/s。

4. 外沟槽的车削方法

（1）车削精度不高及宽度较窄的沟槽时，可用刀宽等于槽宽的车槽刀，采用一次直进法车出，如图 3 - 16（a）所示。

（2）车削有精度要求的沟槽时，一般采用两次直进法车出，即第一次车槽时槽壁两侧留精车余量，然后根据槽深、槽宽进行精车，如图 3 - 16（b）所示。

（3）车削较宽的沟槽时，可用多次直进法车削，如图 3 - 16（c）所示，并在槽壁两侧留一定的精车余量，然后根据槽深、槽宽进行精车。

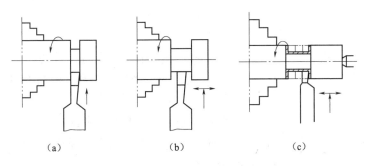

（a）   （b）   （c）

图 3 - 16 矩形沟槽的加工方法

（4）车削较窄的梯形槽时，一般用成形刀一次完成，如图 3 – 17 所示。

（5）车削较窄的圆弧槽时，一般用成形刀一次车出。

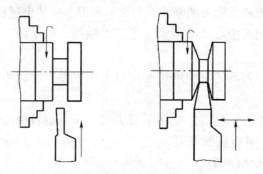

图 3 – 17　较窄的梯形槽的加工方法

二、切断的方法

1. 切削用量的选择

由于切断刀的刀体强度较差，在选择切削用量时，应适当减小其数值。总的来说，硬质合金切断刀比高速钢切断刀选用的切削量要大一些，切断钢件材料比切断铸铁材料时的切削速度要高，而进给量要略小一些。

（1）切削深度（a_p）。

切断、车槽均为横向进给切削，切削深度是垂直于已加工表面方向所量得的切削层的宽度，切断时的切削深度也等于切断刀刀体的宽度。

（2）进给量（f）。

① 高速钢刀具切断的进给量：切断钢料时 $f = 0.05 \sim 0.10$ mm/r；切断铸铁料时 $f = 0.1 \sim 0.2$ mm/r。

② 硬质合金刀具切断的进给量：切断钢材时 $f = 0.1 \sim 0.2$ mm/r；切断铸铁料时 $f = 0.15 \sim 0.25$ mm/r。

（3）切削速度（v_c）。

① 高速钢刀具切断的切削速度：切断钢料时 $v_c = 30 \sim 40$ m/min；切断铸铁料时 $v_c = 15 \sim 25$ m/min。

② 硬质合金刀具切断的切削速度：切断钢材时 $v_c = 80 \sim 120$ m/min；切断铸铁料时 $v_c = 60 \sim 100$ m/min。

2. 切断方法

（1）用直进法切断工件：直进法是指垂直于工件轴线方向进行切断，如图 3 – 18（a）所示。这种方法切断效率高，但对车床、切断刀的刃磨和安装都有较高的要求，否则容易造成刀头折断。

（2）左右借刀法切断工件：在切削系统（刀具、工件、车床）刚性不足的情况下，可采用左右借刀法切断，如图 3 – 18（b）所示。这种方法是指切断刀在轴线方向反复地往返移动，沿着两侧径向进给，直至工件切断。

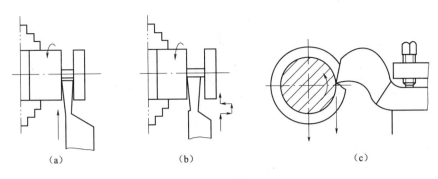

图 3 - 18　切断工件的方法

（a）直进法；（b）左右借刀法；（c）反切法

（3）用反切法切断工件：反切法是指工件反转，车刀反向装夹，如图 3 - 18（c）所示，这种切断方法宜用于较大直径工件的切断。

3. 切断注意事项

切断工件时，切断刀伸入工件被切的槽内，周围被工件和切屑包围，排屑困难，散热情况很差，切削刃容易磨损（尤其在切断刀的两个刀尖处），极易造成"扎刀"现象，严重影响刀具的使用寿命。要使切断工件顺利进行应注意以下几点：

（1）控制切屑形状和排屑方向。切屑形状和排屑方向对切断刀的使用寿命、工件的表面粗糙度及生产效率都有很大的影响。

（2）切断钢类工件时，工件槽内的切屑成发条状卷曲，排屑困难，切削力增加，容易产生"扎刀"现象，并损伤工件已加工的表面。

（3）控制切屑呈片状，同样影响切屑排出，也容易造成"扎刀"现象（切断脆性材料时，刀具前面无断屑槽的情况下除外）。理想的切屑是呈直带状从工件槽内流出，然后再卷成"圆锥形螺旋""垫圈形螺旋"或"发条状"，才能防止"扎刀"。

（4）在切断刀上磨出 3°左右的刃倾角（左高右低）。刃倾角太小，切屑便在槽中呈"发条状"，不能理想地卷出；刃倾角太大，刀尖对不准工件中心，排屑困难，容易损伤工件表面，并使切断工件的平面歪斜，造成"扎刀"现象。

（5）卷屑槽的大小和深度要根据进给量和工件直径的大小来决定。进给量大，卷屑槽要相应增大；进给量小，卷屑槽要相应减小，否则切屑极易呈长条状缠绕在车刀和工件上，并产生严重后果。

三、沟槽的测量

1. 精度要求低的沟槽

可用金属直尺测量其宽度，用金属直尺、外卡钳相互配合等方法测量其沟槽槽底直径，如图 3 - 19（a）和图 3 - 19（b）所示。

2. 精度要求高的沟槽

通常用外径千分尺测量沟槽槽底直径，如图 3 - 19（c）所示；用样板测量其宽度，如图 3 - 19（d）所示；用游标卡尺测量其宽度，如图 3 - 19（e）所示。

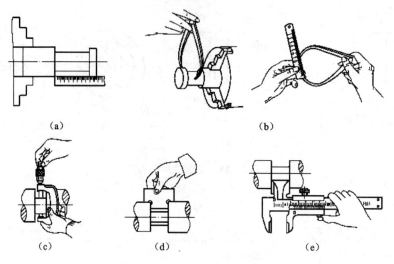

图 3 - 19　沟槽的检查和测量

四、沟槽的质量分析

切断和车外沟槽时产生废品的原因及预防方法如表 3 - 3 所示。

表 3 - 3　切断和车外沟槽时产生废品的原因及预防方法

废品种类	产生原因	预防方法
沟槽的宽度不正确	（1）主切削刃宽度磨得太宽或太窄	根据沟槽宽度重磨主切削刃宽度
	（2）测量不正确	正确测量
沟槽位置不对	测量和定位不正确	正确定位，并仔细测量
沟槽深度不正确	（1）没有及时测量	切槽过程中及时测量
	（2）尺寸计算错误	仔细计算尺寸，对留有磨削余量的工件，切槽时必须把磨削余量考虑进去
切下的工件长度不对	测量不正确	正确测量
切下的工件表面凹凸不平（尤其是薄工件）	（1）刀头强度不够，主切削刃不平直，吃刀后由于侧向切削力的作用使刀具偏斜，致使切下的工件凹凸不平	增加刀头强度，刃磨时必须使主切削刃平直
	（2）刀尖圆弧刃磨或磨损不一致，使主切削刃受力不均而产生凹凸面	刃磨时保证两刀尖圆弧对称
	（3）切断刀安装不正确	正确安装切断刀

废品种类	产生原因	预防方法
切下的工件表面凹凸不平（尤其是薄工件）	（4）刀具角度刃磨不正确，两副偏角过大而且不对称，从而降低刀头强度，产生"让刀"现象	正确刃磨切断刀，保证两副偏角和副后角对称
表面粗糙度达不到要求	（1）两侧副偏角太小，产生摩擦	正确选择两副偏角的数值
	（2）切削速度选择不当，没有加切削液	选择适当的切削速度，并浇注切削液
	（3）切削时产生振动	采取防振措施
	（4）切屑拉毛已加工表面	控制切屑的形状和排除方向

【任务准备】

（1）设备：CA6140 型车床。

（2）备料：45 钢，$\phi 50$ mm ×115 mm（每位学生一根）。

（3）刀具：90°外圆刀、45°外圆刀、切槽（断）刀、B2.5 中心钻及垫刀片若干。

（4）量具：游标卡尺（0～150 mm）、外径千分尺（25～50 mm）、带表游标卡尺（0～150 mm，0.01 mm）、数显深度游标卡尺（0～150 mm、0.01 mm）、表面粗糙度比较样块、百分表及座。

（5）工具：油枪，100.0 mm ×20.0 mm ×0.2 mm 铜皮，上刀、上料扳手，铁钩子，钻夹头，活顶尖，一字螺丝刀。

（6）学生防护用品：工作服、工作帽、防护眼镜等。

【任务实施】

一、加工前的准备

（1）编制矩形沟槽工件的加工工艺，并填写工艺卡片，如表 3 - 4 所示。

（2）检查车床各部分机构是否完好，各手柄、开关功能是否有效，低速空车试运转。

（3）对导轨、尾座、丝杠和光杠、进给箱等部位加油润滑。

（4）采用三爪自定心卡盘装夹工件，要求夹紧力适当，工件伸出长度适宜。

（5）装夹90°外圆车刀、45°外圆车刀、切槽刀，刀尖对准工件中心，夹紧牢固。

二、加工外圆沟槽工件

按表 3 - 4 加工工艺卡片中的加工步骤加工工件。

表3-4 加工工艺卡片

姓名：	加工工艺卡片	日期：
班级：		实训车间：机加工车间
工位号：		得分：

工件名称：矩形沟槽工件	图样编号：C3-002
毛坯材料：45 钢	毛坯尺寸：$\phi50$ mm × 115 mm

序号	内容	a_p/mm	n/ (r·min^{-1})	f/ (mm·min^{-1})	工卡量具	备注
1	检查毛坯尺寸$\phi50$ mm × 115 mm 是否合格				游标卡尺	
2	装夹毛坯，粗车削左侧外圆$\phi41$ mm × 25 mm，外圆留精加工余量0.5 mm，长度留0.3 mm	2	450	0.33	游标卡尺	
3	掉头装夹已车好的阶台$\phi41$ mm × 25 mm 处，夹紧牢固				三爪自定心卡盘	
4	车削端面，钻中心孔，用顶尖支撑		1 120	手动		
5	粗车外圆$\phi48_{-0.025}^{0}$ mm × 85 mm、$\phi45_{-0.025}^{0}$ mm × 75 mm、$\phi36_{-0.025}^{0}$ mm × 60 mm，外圆留精加工余量0.5 mm，长度留0.3 mm	2	450	0.33	游标卡尺	
6	粗车2-8±0.02 mm 沟槽，沟槽直径留精加工余量0.5 mm，宽度留0.3 mm		450	手动	游标卡尺	
7	粗车2-10±0.02 mm 沟槽，沟槽直径留精加工余量0.5 mm，宽度留0.3 mm		450	手动	游标卡尺	
8	精车外圆$\phi48_{-0.025}^{0}$ mm × 85 mm，$\phi45_{-0.025}^{0}$ mm × 75 mm，$\phi36_{-0.025}^{0}$ mm × 60 mm 至尺寸合格	0.15	1 120	0.08	游标卡尺、外径千分尺、数显深度游标卡尺、表面粗糙度比较样块	
9	精车4处沟槽，保证各尺寸合格	0.2	450	手动	外径千分尺、带表游标卡尺	

序号	内容	a_p/mm	$n/$ $(r \cdot min^{-1})$	$f/$ $(mm \cdot min^{-1})$	工卡量具	备注
10	倒角 $C1$，倒钝，检查各尺寸		450	手动		
11	掉头垫铜皮装夹 $\phi45$ mm 外圆处，用磁力表找正，适当加紧				三爪自定心卡盘	
12	精车端面，控制总长 110 mm ± 0.1 mm		1 120	手动	带表游标卡尺	
13	精车外圆 $\phi40_{-0.025}^{0}$ mm × 25 mm 至尺寸合格	0.15	1 120	0.08	游标卡尺、外径千分尺、数显深度游标卡尺、表面粗糙度比较样块	
14	倒角 $C1$、$C2$，检查各尺寸		450	手动		
15	卸下工件			手动		
16	按图样各项技术要求进行自检、互检				游标卡尺、外径千分尺、数显深度游标卡尺、表面粗糙度比较样块	

【检查评议】

车削外圆沟槽工件评分标准如表 3 - 5 所示。

表 3 - 5　车削外圆沟槽工件评分标准

班级：			姓名：	工位号：	任务：外圆沟槽工件		工时：
项目	检测内容	分值	评分标准	自检	互检	得分	
外圆	$\phi48_{-0.025}^{0}$ mm，$Ra1.6$ μm	6/2	超差全扣，表面粗糙度降级全扣				
	$\phi45_{-0.025}^{0}$ mm，$Ra1.6$ μm	6/2	超差全扣，表面粗糙度降级全扣				
	$\phi40_{-0.025}^{0}$ mm，$Ra1.6$ μm	6/2	超差全扣，表面粗糙度降级全扣				
	$\phi36_{-0.025}^{0}$ mm，$Ra1.6$ μm	6/2	超差全扣，表面粗糙度降级全扣				

项目	检测内容	分值	评分标准	自检	互检	得分
沟槽	$\phi 28_{-0.05}^{0}$ mm（2 处）	6	超差全扣			
	$\phi 24_{-0.05}^{0}$ mm（2 处）	6	超差全扣			
	10 mm ± 0.02 mm（2 处）	8	超差全扣			
	8 mm ±0.02 mm（2 处）	8	超差全扣			
	$5_{-0.04}^{0}$ mm（3 处）	12	超差全扣			
长度	110 mm ±0.1 mm	4	超差全扣			
	75 mm ±0.05 mm	4	超差全扣			
	$60_{0}^{+0.1}$ mm	4	超差全扣			
	$25_{-0.05}^{0}$ mm	4	超差全扣			
倒角	$C2$（1 处）	1	超差全扣			
	$C1$（2 处）	1	超差全扣			
安全文明生产		10	视情况酌情扣分			
监考人：		检验员：			总分：	

课题四　车　削　内　孔

课题简介：
　　本课题主要通过工艺理论知识的学习，了解内孔车刀的种类，学会内孔车刀的刃磨和安装方法，掌握内孔的车削过程和测量方法。经过技能操作训练，逐步掌握内孔的车削方法，完成孔的车削。本课题的训练目标如下。

知识目标：
　　(1) 了解镗孔刀的几何角度和刃磨方法。
　　(2) 了解内孔刀的安装方法。
　　(3) 了解内径百分表的读数原理。
　　(4) 了解内测千分尺的使用方法。
　　(5) 了解阶台孔的加工工艺。

技能目标：
　　(1) 掌握镗孔刀的刃磨方法和步骤。
　　(2) 掌握内孔的车削方法和步骤。
　　(3) 掌握内径百分表、内测千分尺的测量方法。
　　(4) 掌握阶台孔的加工与测量方法。

任务一　内孔车刀刃磨

【任务描述】
　　按图样规定的几何形状要求，手工刃磨内孔车刀，如图 4 -1 所示。

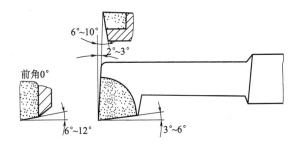

图 4 -1　内孔车刀

【任务分析】
　　铸造孔、锻造孔或用钻头钻出的孔，为了达到尺寸精度和表面粗糙度的要求，还需要车孔。车内孔需用内孔车刀，内孔车刀的切削部分与外圆车刀基本相似。

本任务要求学生了解内孔车刀的种类和用途；掌握内孔车刀的基本角度；了解砂轮的选择与修整方法；掌握砂轮的安全操作规程；掌握内孔车刀的刃磨方法；掌握车刀刃磨时的安全注意事项。

【相关知识】

一、内孔车刀

根据不同的加工情况，内孔车刀有通孔车刀和盲孔车刀两种，如图 4-2 所示。

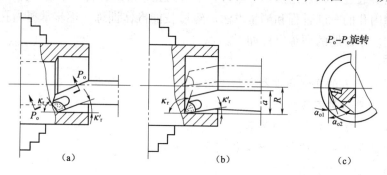

图 4-2　内孔车刀

（a）通孔车刀；（b）盲孔车刀；（c）两个后角

1. 通孔车刀

通孔车刀切削部分的几何形状基本上与外圆车刀相似，如图 4-2（a）所示。为了减小径向切削抗力，防止车孔时振动，主偏角 κ_r，应取得大些，一般在 60°～75°；副偏角 κ'_r

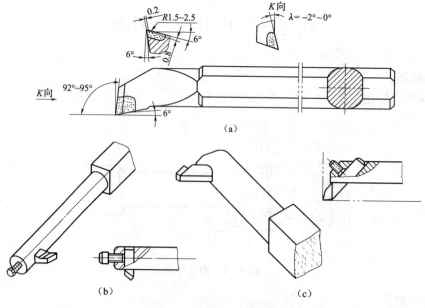

图 4-3　内孔车刀的结构

（a）整体形；（b）通孔车刀；（c）盲孔车刀

一般为 15°~30°。为了防止内孔车刀后刀面和孔壁的摩擦，又不使后角磨得太大，一般磨成两个后角，如图 4 - 2（c）所示 α_{o1} 和 α_{o2}，其中 α_{o1} 为 6°~12°，α_{o2} 约为 30°。

2. 盲孔车刀

盲孔车刀用来车削盲孔或阶台孔，切削部分的几何形状基本上与偏刀相似。它的主偏角 κ_r 大于 90°，一般为 92°~95°，如图 4 - 3（b）所示，后角的要求和通孔车刀一样。不同之处是：盲孔车刀刀尖在刀杆的最前端，刀尖到刀杆外端的距离 a 小于孔半径 R，否则无法车平孔的底面。

内孔车刀可做成整体式，如图 4 - 3（a）所示；为节省刀具材料和增加刀柄强度，也可把高速钢或硬质合金做成较小的刀头，安装在碳钢或合金钢制成的刀柄前端的方孔中，上面用螺钉固定，如图 4 - 3（b）和图 4 - 3（c）所示。

二、车刀的刃磨要求

（1）车刀的角度要合理，不能过大或过小。
（2）车刀的刀刃要平直、光滑，不允许有崩刃或缺口。
（3）车刀的刀面要尽量光滑，表面粗糙度值要小于 $Ra1.6\ \mu m$。
（4）刃倾角一般取正值，具体要求根据切削性质和切削材料确定。
（5）刀具刃磨姿势要正确，动作要规范，方法要正确。
（6）严格遵守砂轮安全操作规程。

三、实作技巧

为了防止内孔车刀后刀面和孔壁的摩擦，可刃磨成一个大后角，如图 4 - 4（a）所示。车刀刚度差，可磨成两个后角以增加其刚度，如图 4 - 4（b）所示。

【任务准备】
（1）设备：砂轮机。
（2）待磨刀具：镗孔车刀每位学生一把；废旧刀杆每位学生一把。
（3）砂轮：氧化铝砂轮、碳化硅砂轮。
（4）工具：金刚石笔或修砂刀。
（5）学生防护用品：工作服、工作帽、防护眼镜等。

【任务实施】
（1）车刀刃磨的步骤如下：
粗磨前、后、副后刀面；磨卷屑槽，磨出前角和刃倾角；精磨主、副后刀面，磨出过渡刃。
（2）教师分组示范内孔刀具的刃磨方法与步骤。
（3）学生以小组为单位进行互助学习。

【检查评议】
车刀刃磨质量的评分标准如表 4 - 1 所示。

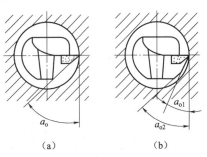

(a)　　　(b)

图 4 - 4　内孔车刀投影图

表 4-1　车刀刃磨质量的评分标准

检测项目	配分	自检	互检	交检	备注
前角	14				
主后角	14				
副后角	14				
主偏角	14				
副偏角	14				
刀尖角	10				
切削刃平直度	10				
安全文明生产	10				
合计	100				

任务二　内孔加工

【任务描述】

机器上的各种轴承套、齿轮和带轮等，因支承和连接配合的需要，一般需要加工成带圆柱孔的形式。为了论述方便，把以上带孔的零件统称为套筒类零件。套筒类零件上作为配合的孔，一般都要求有较高的尺寸精度（IT8～IT7）、较小的表面粗糙度（$Ra3.2～Ra1.6\ \mu m$）和较高的形位精度。

【任务分析】

图 4-5 所示为阶台孔，根据所给尺寸，采用从小尺寸向大尺寸的方法进行加工，加工精度由低到高。

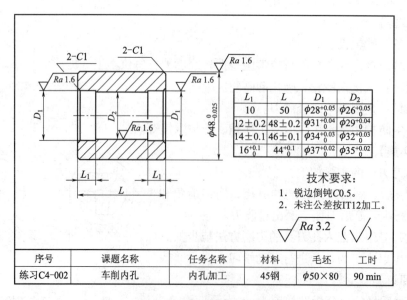

L_1	L	D_1	D_2
10	50	$\phi28^{+0.05}_{0}$	$\phi26^{+0.05}_{0}$
12 ± 0.2	48 ± 0.2	$\phi31^{+0.04}_{0}$	$\phi29^{+0.04}_{0}$
14 ± 0.1	46 ± 0.1	$\phi34^{+0.03}_{0}$	$\phi32^{+0.03}_{0}$
$16^{+0.1}_{0}$	$44^{+0.1}_{0}$	$\phi37^{+0.02}_{0}$	$\phi35^{+0.02}_{0}$

技术要求：
1. 锐边倒钝C0.5。
2. 未注公差按IT12加工。

$\sqrt{Ra3.2}$ ($\sqrt{}$)

序号	课题名称	任务名称	材料	毛坯	工时
练习C4-002	车削内孔	内孔加工	45钢	$\phi50\times80$	90 min

图 4-5　内孔的车削训练

【相关知识】

一、麻花钻的几何形状

麻花钻的基本组成如图4-6所示。

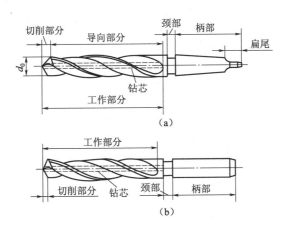

图4-6　麻花钻
(a) 锥柄麻花钻；(b) 直柄麻花钻

（1）工作部分：这是钻头最重要的部分，可分为切削部分和导向部分，分别起切削和导向作用。

（2）颈部：多用于标注商标、钻头直径和材料牌号。

（3）柄部：钻头的夹持部分，起装夹定心和传递切削扭矩的作用。按其几何形状可分为锥柄（如图4-6（a）所示）和直柄（如图4-6（b）所示）两种。

二、钻孔方法

1. 麻花钻的选择

对于精度要求不高的内孔，直接用麻花钻钻出即可；对于精度要求高的孔，由于钻孔后还要再经过车削或扩孔、铰孔才能完成，选用麻花钻时应为后续工序留出加工余量（该加工余量可从手册中查出），所选麻花钻长度，一般应使麻花钻螺旋槽部分略长于孔深。

2. 麻花钻的安装

一般情况下，锥柄麻花钻可直接或用莫氏过渡锥套插入车床尾座锥孔中，直柄麻花钻用钻夹头装夹，再将钻夹头的锥柄插入尾座锥孔内，如图4-7所示。此外，麻花钻还可以装在刀架上。

3. 钻孔时切削用量的选择

（1）切削深度（a_p）：钻孔时的切削深度是钻头直径的1/2，如图4-8（a）所示。扩孔、铰孔时的切削深度 a_p 由式（4-1）计算：

$$a_p = (D - d) / 2 \qquad (4.1)$$

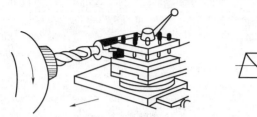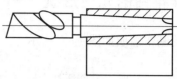

图4-7　麻花钻的装夹方式

（2）切削速度（v_c）：钻孔时的切削速度是指麻花钻主切削刃外缘处的线速度v_c，由式（4-2）计算：

$$v_c = \pi dn / 1\,000 \tag{4.2}$$

式中，v_c——切削速度（m/min），用高速钢麻花钻钻钢材时，切削速度一般选$v_c = 15 \sim$

    30 m/min；钻铸铁时$v_c = 75 \sim 90$ m/min；扩孔时切削速度可略高。

    D——钻头的直径（mm）。

    n——主轴转速（r/min）。

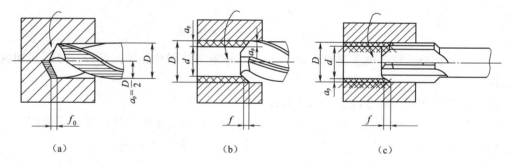

（a）　　　　　　　（b）　　　　　　　（c）

图4-8　麻花钻钻孔、扩孔时的切削用量

（3）进给量（f）：在车床上钻孔时，进给运动是通过转动尾座手轮来实现的。用直径为15~25 mm的麻花钻钻钢材时，一般选0.15~0.35 mm/r；钻铸铁时，进给量可略大，一般选$f = 0.15 \sim 0.40$ mm/r。

4．钻孔的步骤

（1）车平工件端面，中心处不许留有凸台，保证钻头正确定心。

（2）找正尾座，使钻头中心对准工件旋转运动的中心，否则可能会使孔径钻大、钻偏甚至折断钻头。

（3）用细长麻花钻钻孔时，为了防止钻头晃动，可在刀架上装夹一挡铁，如图4-9所示，支顶钻头头部帮助钻头定心，即先用钻头尖部少量钻进工件平面，然后缓慢摇动中滑板，移动挡铁逐渐接近钻头前端，使钻头的中心稳定在工件回转中心的位置上。但挡铁不能将钻头支顶过工件回转中心，否则容易折断钻头。当钻头已正确定心时，挡铁即可退出。

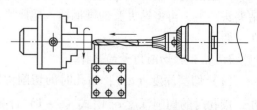

图4-9　用挡铁支顶钻头

　　另一种办法是选用直径小于 5 mm 的麻花钻头，钻孔前先在端面钻出中心孔，这样便于定心且钻出的孔同轴度好。

　　(4) 钻精度要求较高的孔或大批量加工时，为了避免钻头切入时引偏，常使用钻套为钻头导向。钻套可在工具车间制作，把装有钻套（钻套上无孔）的支承件紧固在刀架上，调好位置后，由装夹在尾座上的钻头先将钻套上的导向孔钻出来。

　　(5) 在实体材料上钻孔，小孔径可以一次钻出，孔径超过 30 mm 则不宜用大钻头一次钻出。因为钻头大，横刃长，轴向切削阻力大，故钻削时费力。此时可采用分两个工步进行钻削，即第一步先选用一支小钻头钻出底孔，第二步再用大钻头钻出所要求的尺寸，一般情况下，第一支钻孔直径为第二次钻孔直径的 0.5 ～ 0.7 倍。

　　(6) 钻孔后需铰孔的工件，所留铰孔余量较小，因此当钻头钻进 1 ～ 2 mm 后应将钻头退出，停车检查孔径，以防因孔径扩大，铰削余量消失而报废。

　　(7) 钻盲孔与钻通孔的方法基本相同，不同的是钻盲孔时需要控制孔的深度，具体可按下述方法操作：开动机床，摇动尾座手轮，当钻尖开始切入工件端面时，用钢直尺量出尾座套筒的伸出长度，那么盲孔的深度就应该控制为所测伸出长度加上孔深，如图 4 – 10 所示。

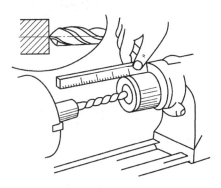

图 4 – 10　钻盲孔

　　5. 钻孔时的注意事项

　　(1) 将钻头装入尾座套筒中，钻头轴线应与工件旋转轴线相重合，否则会使钻头折断。

　　(2) 钻孔前，必须将端面车平，中心处不允许有凸台，否则钻头不能自动定心，会使钻头折断。

　　(3) 当钻头刚接触工件端面及通孔快要钻穿时，进给量要小，以防钻头折断。

　　(4) 钻小而孔深时，应先用中心钻钻中心孔，以避免将孔钻歪。在钻孔过程中必须经常退出钻头以清除切屑。

　　(5) 钻削钢材时必须浇注充分的切削液，使钻头冷却。钻削铸件时可不用切削液。

　　(6) 钻削镁合金等其他金属材料时，应考虑其材料的性能，适当提高切削速度，加大进给量。

三、镗刀的选择

　　镗孔的关键是解决镗刀刚度和排屑问题，因此，在选择镗刀时应注意以下几方面：

　　(1) 尽可能选用截面尺寸较大的刀柄，以增加其刚度和强度。

　　(2) 刀柄伸出长度尽可能缩短，使刀柄工作部分的长度略长于孔深即可，以增加刀柄刚度，避免引起振动。

　　(3) 镗刀的几何角度与外圆车刀相似，但方向相反，镗刀后角应取大些。

　　(4) 加工盲孔时，应选择负的刃倾角，使切屑向孔外排出。

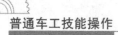

四、镗刀的安装

安装镗刀时，刀尖应与工件中心等高或稍高些，以免由于切削力将刀尖扎进工件里面而造成孔径扩大。装刀高低还会使刀具前后角发生变化，如图 4 - 11 所示。

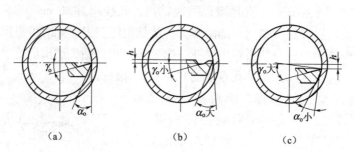

图 4 - 11　镗刀的高低对前后角的影响
(a) 正确；(b) 刀尖偏高；(c) 刀尖偏低

刀柄不宜伸出刀架过长，如果刀柄本身较长，可以在刀柄下面垫一块垫铁以支撑刀柄，如图 4 - 12 所示。

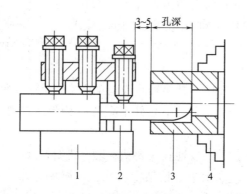

图 4 - 12　用垫铁支撑刀柄
1—刀架；2—垫铁；3—工件；4—三爪卡盘

五、车削内孔的方法

车削内孔主要有以下几种方法：

（1）车直径较小的阶台孔时，由于直接观察困难，尺寸精度不易掌握，因此通常采用先粗、精车小孔，再粗、精车大孔的方法进行。

（2）车大的阶台孔时，在视线不受影响的情况下，通常采用先粗车大孔和小孔，再精车大孔和小孔的方法进行。

（3）车孔径大小相差悬殊的阶台孔时，最好采用主偏角小于 90° 的车刀先进行粗车，然后用内偏刀精车至尺寸。因为直接用内偏车刀车削，背吃刀量不可太大，否则刀尖容易损坏。

（4）车孔时，孔径尺寸基本上和车外圆一样用试切法来控制。试切后，退出车刀，根据内孔尺寸精度要求选择合适的量具进行测量。对一般精度的孔，可采用游标卡尺测量；对于直径较小、有一定精度要求的孔，可用塞规和内径百分表测量；对于直径较大、有一定精度要求的孔，可采用内径千分尺测量；对于一些短阶台孔，可采用内卡钳配合外径千分尺进行测量。

（5）车削阶台孔和盲孔时，控制阶台深和孔深的方法有：应用床鞍或小滑板刻度盘控制孔深，在刀柄上作一个记号或在刀架上夹一块铜片来控制孔深。孔深一般采用游标卡尺进行测量。

六、内孔尺寸精度的测量

1. 孔径尺寸的测量

测量孔径尺寸时，应根据工件的尺寸、数量以及精度要求，采用相应的量具进行测量，如果孔径精度要求较低，则可采用钢尺、内卡钳或游标卡尺测量；若精度要求较高，则可采用以下几种方法检验。

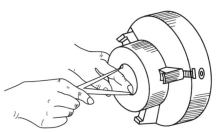

图4-13　用内卡钳测量内孔

（1）内卡钳：在孔口试切或位置狭小时，使用内卡钳显得灵活方便，如图4-13所示。内卡钳与外径千分尺配合使用也能测量出较高精度（IT8～IT7）的孔径。

（2）塞规：在成批生产中，为了测量方便，常用塞规测量孔径，如图4-14所示。塞规由过端、止端和手柄组成。过端的尺寸等于孔的最小极限尺寸，止端的尺寸等于孔的最大极限尺寸。

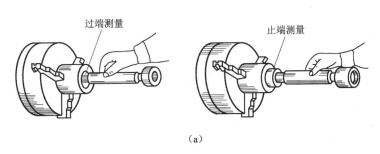

（a）

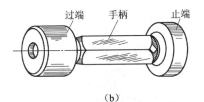

（b）

图4-14　塞规及其使用

（a）测量方法；（b）塞规

为使过端与止端有所区别，塞规止端长度比过端长度要略短一些。测量时，过端通过，而止端不能通过，说明尺寸合格。测量盲孔用的塞规，应在外圆上沿轴向开有排气槽。

（3）内测千分尺：内测千分尺的使用方法如图 4–15 所示。这种千分尺刻线方向与外径千分尺相反，当顺时针旋转微分筒时，活动爪向右移动，测量值增大，用于测量孔径小于 25 mm 以下的孔。

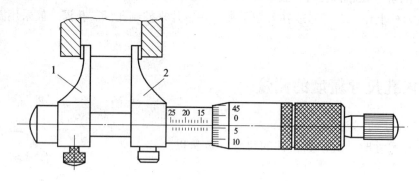

图 4–15 内测千分尺及其使用

1—固定爪；2—活动爪

（4）内径百分表：内径百分表是将百分表装夹在测架上，触头又称活动测量头，通过摆动块、杆，将测量值 1∶1 地传递给百分表，测量头可根据孔径大小进行更换。为了能使触头自动位于被测孔的直径位置，在其旁装有定心器。测量前，应使百分表对准零位。测量时，为得到准确的尺寸，活动测量头应在径向方向摆动并找出最大值，在轴向方向摆动找出最小值，这两个重合尺寸就是孔径的实际尺寸，如图 4–16 所示。内径百分表主要用于测量精度要求较高且较深的孔。

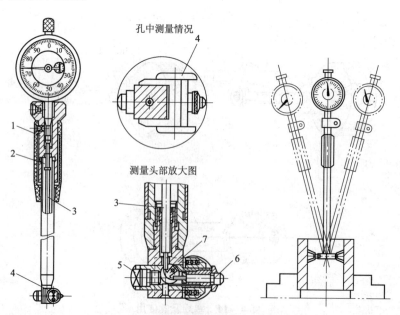

图 4–16 内径百分表的结构及使用

1—测架；2—弹簧；3—杆；4—定心器；5—测量头；6—触头；7—摆动块

七、车孔注意事项

（1）车孔时，由于刀柄刚度较差，容易引起振动，因此切削用量应比车外圆时小些。

（2）要注意中滑板退刀方向与车外圆时相反。

（3）测量内孔时，要注意工件的热胀冷缩现象，特别是薄壁套筒类零件，要防止因冷缩而使孔径达不到要求的尺寸。

（4）精车内孔时，要保持切削刃锋利，否则容易产生让刀现象而把孔车成锥形。

（5）加工较小的盲孔或阶台孔时，一般采用麻花钻钻孔，再用平头钻加工底平面，最后用盲孔刀加工孔径和底平面。

（6）车小孔时，应注意随时排屑，防止因内孔被切屑阻塞而使工件成为废品。

（7）用高速钢车孔刀加工塑性材料时，要采用合适的切削液进行冷却。

【任务准备】

（1）设备：CA6140 型车床。

（2）备料：45 钢，ϕ50 mm×80 mm（每位学生一根）。

（3）刀具：90°外圆刀、45°外圆刀、切槽（断）刀、内孔车刀、ϕ24 mm 钻头。

（4）量具：游标卡尺（0～150 mm）、内径千分尺（25～50 mm）、表面粗糙度比较样块。

（5）工具：油枪，100.0 mm×20.0 mm×0.2 mm 铜皮，上刀、上料扳手，铁钩子，钻夹头，钻库（3#、4#、5#）。

（6）学生防护用品：工作服、工作帽、防护眼镜等。

【任务实施】

一、加工前的准备

（1）编制阶台孔工件的加工工艺，并填写工艺卡片，如表4-2所示。

（2）检查车床各部分的机构是否完好，各手柄、开关功能是否有效，低速空车试运转。

（3）对导轨、尾座、丝杠和光杠、进给箱等部位加油润滑。

（4）采用三爪自定心卡盘装夹工件，要求夹紧力适当，工件伸出长度适宜。

（5）装夹90°外圆车刀、45°外圆车刀、切断刀、内孔车刀，刀尖对准工件中心，夹紧牢固。

二、加工阶台孔工件

按表4-2加工工艺卡片中的加工步骤加工工件。

表 4 - 2　加工工艺卡片

姓名：			日期：	
班级：		加工工艺卡片	实训车间：机加工车间	
工位号：			得分：	
工件名称：阶台孔工件		图样编号：C4 - 002		
毛坯材料：45 钢		毛坯尺寸：ϕ50 mm × 80 mm		

序号	内容	a_p/mm	$n/$ $(\text{r} \cdot \text{min}^{-1})$	$f/$ $(\text{mm} \cdot \text{min}^{-1})$	工卡量具	备注
1	检查毛坯尺寸 ϕ50 mm × 80 mm 是否合格				游标卡尺	
2	三爪卡盘夹持工件，伸出 50 mm 左右，车端面	1	450	手动	游标卡尺	
3	钻 ϕ24 mm 孔，长度为 55 mm 左右		250	手动	游标卡尺	
4	粗加工 ϕ48 mm 外圆，粗精加工 D_2、D_1 至尺寸要求，长度至尺寸要求	2	1 120/450	0.2 ~ 0.3	内测千分尺 游标卡尺	
5	精加工 ϕ48 mm 至尺寸要求，倒角、倒钝	0.5	1 120	0.08	外径千分尺	
7	掉头装夹 ϕ48 mm 外圆，找正，控制长度 L	2	450	0.2	游标卡尺	
8	粗精加工 D_1 至尺寸要求，长度至尺寸要求	2	1 120	0.08	游标卡尺、内径千分尺	
9	倒角倒钝，检查各尺寸		450	手动		

【检查评议】

车削内孔工件评分标准如表 4 - 3 所示。

表 4 - 3　车削内孔工件评分标准

班级：			姓名：		工位号：		任务：台阶孔工件		工时：
项目	检测内容		分值		评分标准		自检	互检	得分
外圆	$\phi48_{-0.025}^{0}$ mm，$Ra1.6\ \mu\text{m}$		10/6		超差 0.01 mm 扣 3 分，表面粗糙度降级全扣				
内孔	D_1，$Ra1.6\ \mu\text{m}$（两处）		20/12		超差 0.01 mm 扣 3 分，表面粗糙度降级全扣				
	D_2，$Ra1.6\ \mu\text{m}$		10/6		超差 0.01 mm 扣 3 分，表面粗糙度降级全扣				

项目	检测内容	分值	评分标准	自检	互检	得分
长度	L	5	超差全扣			
	L_1（两处）	10	超差全扣			
倒角倒钝	$C1$（3处）	6	不符合要求无分			
	安全文明生产	15	视情况酌情扣分			
监考人：		检验员：		总分：		

课题五　车削内外圆锥面

课题简介：

在使用机床和某些工具时，常会遇到一些圆锥面配合零件，在这些圆锥面配合零件中，有些圆锥面在工件的外表面，我们称为外圆锥面；有些圆锥面在工件的内表面，我们称为内圆锥面，如图 5-1 所示的各种带锥面的工件。这种带有内、外圆锥面的零件在车床上是怎样加工的呢？要解决这个问题，实际上就是要掌握车削内、外圆锥面的方法。

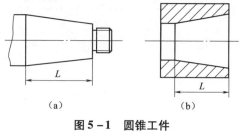

图 5-1　圆锥工件

（a）外圆锥；（b）内圆锥

知识目标：

（1）了解圆锥的形状与特点。

（2）了解圆锥面配合的特点。

（3）了解常用的标准工具圆锥的种类及特点。

（4）学会计算圆锥面的几何尺寸。

（5）学会计算小滑板转动的角度。

（6）了解游标万能角度尺的结构原理、读数和测量方法，能正确使用圆锥量规检测圆锥精度。

（7）会分析车圆锥时产生废品的原因，能提出预防方法。

技能目标：

（1）掌握圆锥各部分名称及计算方法。

（2）掌握车削内、外圆锥的方法及特点。

（3）能够用转动小滑板法车削内、外圆锥面。

（4）车削内、外圆锥面时，学会找正圆锥角。

（5）掌握控制和检测圆锥面几何尺寸的方法。

任务一　外圆锥的加工

【任务描述】

通过工艺理论知识的学习，掌握外圆锥的尺寸计算和控制锥面尺寸的方法，掌握转动小滑板法车削外圆锥及外圆锥的测量方法。经过技能操作训练，逐步掌握用转动小滑板法车削外圆锥。

请选择合适的刀具完成如图 5 - 2 所示外圆锥工件的加工。

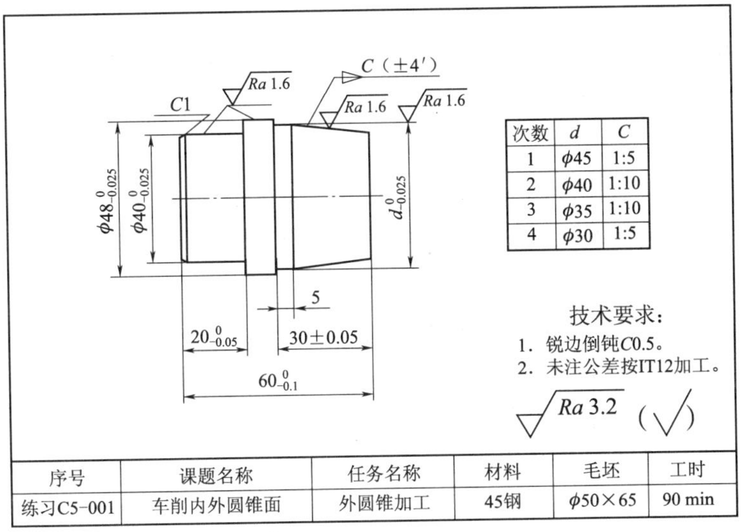

次数	d	C
1	$\phi45$	1:5
2	$\phi40$	1:10
3	$\phi35$	1:10
4	$\phi30$	1:5

技术要求:
1. 锐边倒钝C0.5。
2. 未注公差按IT12加工。

$\sqrt{Ra\ 3.2}$　$(\sqrt{})$

序号	课题名称	任务名称	材料	毛坯	工时
练习C5-001	车削内外圆锥面	外圆锥加工	45钢	$\phi50\times65$	90 min

图 5 - 2　外圆锥体工件

【任务分析】

在车床上加工外圆锥的方法主要有：转动小滑板法、偏移尾座法、仿形法和宽刃刀车削法四种。本任务所加工的外圆锥体工件，表面粗糙度为 $Ra1.6\ \mu m$，锥度 $C=1:5$，锥体长度为 25 mm（第一组尺寸为例），单件生产。经分析采用转动小滑板法加工较为合适，所以本课题主要学习用转动小滑板车削圆锥的方法。本任务要求学生了解锥体零件的特点和加工方法，掌握用转动小滑板法车削圆锥体的相关计算，掌握用转动小滑板法车削外圆锥的加工与测量方法，初步掌握锥体零件加工工艺的编制。

【相关知识】

一、工艺知识

1. 圆锥的应用

在机床与工具中，圆锥面的配合应用很广泛。例如：车床主轴锥孔与顶尖的配合，车床尾座锥孔与麻花钻锥柄的配合等，如图 5 - 3 所示。常见的圆锥零件有圆锥齿轮、锥形主轴、带锥孔的齿轮、锥形手柄等，如图 5 - 4 所示。

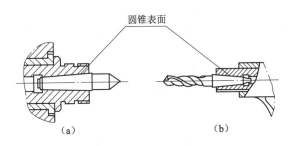

圆锥表面

（a）　　　　　　　　（b）

图 5 - 3　圆锥表面配合实例

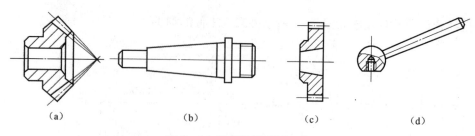

图 5-4　常见的圆锥面工件

（a）圆锥齿轮；（b）锥形主轴；（c）带锥孔的齿轮；（d）锥形手柄

2. 锥体零件的特点

（1）当圆锥面的锥角较小时（在3°以下），具有自锁功能，可传递很大的转矩。

（2）装拆方便，虽经多次装拆，仍能保证精确的定心作用。

（3）配合精确的圆锥面同轴度高，并可做到无间隙配合。

3. 圆锥各部分的名称及尺寸计算

（1）圆锥的定义。

直角三角形 *AOB* 绕直角边 *AO* 旋转一周，斜边 *AB* 形成的空间轨迹所包围的几何体就是一个圆锥体，如图 5-5（a）所示。*AB* 形成的表面叫圆锥面，*AB* 为圆锥面的素线（或母线）。若圆锥体的顶端被截去一部分，就成为圆锥台（或截锥体），如图 5-5（b）所示。

圆锥面有外圆锥面和内圆锥面两种，具有外圆锥面叫圆锥体，具有内圆锥面叫圆锥孔，如图 5-6 所示。

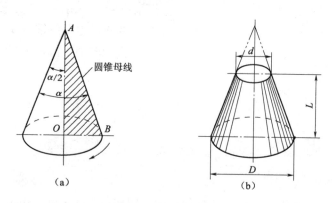

图 5-5　圆锥与圆锥台

（a）圆锥体；（b）圆锥台

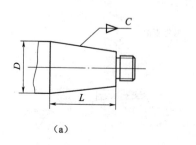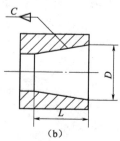

图 5-6　内、外圆锥

（a）圆锥体；（b）圆锥孔

（2）圆锥各部分的名称，如图 5 - 7 所示。

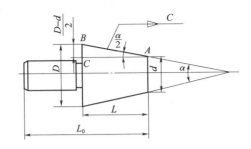

图 5 - 7　圆锥各部分的名称

圆锥各部分的名称如下：

① 大端直径 D：圆锥中大端的直径最大，所以大端直径也叫最大圆锥直径。

② 小端直径 d：圆锥台中小端的直径最小，所以小端直径也叫最小圆锥直径。

③ 圆锥角 α：在通过圆锥轴线的截面内，两条素线之间的夹角叫圆锥角。

④ 圆锥半角 $\frac{\alpha}{2}$：圆锥角的一半，也就是圆锥母线和圆锥轴线之间的夹角。

⑤ 圆锥长度 L：圆锥大端和圆锥小端之间的垂直距离。

⑥ 锥度 C：圆锥大端直径与圆锥小端直径之差和圆锥长度之比。

⑦ 斜度 $\frac{C}{2}$：圆锥大、小端直径之差和圆锥长度之比的一半。

（3）圆锥的计算公式。

一个圆锥的基本参数有四个：$\frac{\alpha}{2}$（或 C）、D、d、L，只要知道其中任意三个，另外一个参数即可计算出来。

① 圆锥半角 $\frac{\alpha}{2}$ 和其他三个参数的关系。

在图样上一般都注明 D、d、L，但在车削圆锥时，经常采用转动小滑板的方法，所以必须计算出圆锥半角 $\frac{\alpha}{2}$。圆锥半角可按下列公式计算：

$$\tan\frac{\alpha}{2}=\frac{D-d}{2L} \tag{5.1}$$

其他三个参数与圆锥半角的关系为：

$$D=d+2L\tan\frac{\alpha}{2} \tag{5.1a}$$

$$d=D-2L\tan\frac{\alpha}{2} \tag{5.1b}$$

$$L=\frac{D-d}{2\tan\frac{\alpha}{2}} \tag{5.1c}$$

例 5 - 1：有一圆锥，已知 $D=100$ mm，$d=80$ mm，$L=200$ mm，求圆锥半角。

解：根据公式（5 - 1）：

$$\tan \frac{\alpha}{2} = \frac{D - d}{2L} = \frac{100 - 80}{200 \times 2} = 0.05$$

查三角函数表得：$\frac{\alpha}{2} = 2°52'$。

应用公式计算圆锥半角$\frac{\alpha}{2}$，必须查三角函数表。当$\frac{\alpha}{2} < 6°$时，可用下列近似公式计算：

$$\frac{\alpha}{2} \approx 28.7° \times \frac{D - d}{L} \qquad (5.2)$$

$$\frac{\alpha}{2} \approx 28.7° \times C$$

当$\frac{\alpha}{2}$在$6° \sim 13°$时，圆锥半角的近似计算公式可写成：

$$\frac{\alpha}{2} = 常数 \times \frac{D - d}{L}$$

其中常数可从表5－1中查出。

表5－1　计算$\frac{\alpha}{2}$近似公式常数参考

$\frac{D-d}{L}$或C	常数	备注
$0.10 \sim 0.20$	28.6°	
$0.20 \sim 0.29$	28.5°	
$0.29 \sim 0.36$	28.4°	本表适用$\frac{\alpha}{2}$在$6° \sim 13°$，
$0.36 \sim 0.40$	28.3°	$6°$以下常数值为28.7°
$0.40 \sim 0.45$	28.2°	

② 锥度C与其他三个参数的关系有配合要求的圆锥，一般标注锥度符号，如图5－8所示。

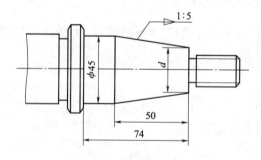

图5－8　圆锥的标准

根据锥度的定义：

$$C = \frac{D - d}{L} \qquad (5.3)$$

D、d、L三个参数与C的关系为：

$$D = d + CL \qquad (5.3a)$$

$$d = D - CL \qquad (5.3b)$$

$$L = \frac{D - d}{C} \tag{5.3c}$$

圆锥半角 $\frac{\alpha}{2}$ 与锥度 C 的关系为：

$$\tan \frac{\alpha}{2} = \frac{C}{2} \tag{5.4}$$

或

$$C = 2\tan \frac{\alpha}{2}$$

例 5 - 2：有一外圆锥工件，已知锥度 $C = 1:20$，小端直径 $d = 64$ mm，圆锥长度 $L = 80$ mm，求大端直径 D 和圆锥半角 $\frac{\alpha}{2}$。

解：根据公式（5 - 3a）：

$$D = d + CL = 64 + \frac{1}{20} \times 80 = 68 \ （\text{mm}）$$

根据公式（5 - 4）：

$$\tan \frac{\alpha}{2} = \frac{C}{2} = \frac{\frac{1}{20}}{2} = 0.025$$

查表得：

$$\frac{\alpha}{2} = 1°26'$$

二、标准工具圆锥

为了制造及使用方便，常用工具、刀具上圆锥的几何参数都已标准化，这种几何参数已标准化的圆锥，称为标准圆锥。常用的标准圆锥有莫氏圆锥和米制圆锥两种。

（1）莫氏圆锥在机器制造业中应用广泛。主轴锥孔、尾座套筒锥孔、钻头、铰刀的柄部等都采用莫氏圆锥。莫氏圆锥按尺寸由小到大有 0、1、2、3、4、5、6 七个号码。当号码不同时，圆锥角和尺寸都不同，如表 5 - 2 所示。

表 5 - 2　莫氏圆锥的锥度与圆锥角

号数	锥度 C	圆锥角 α	圆锥半角 $\frac{\alpha}{2}$	$\tan \alpha$
0	$1:19.212 = 0.052\,04$	$2°58'54''$	$1°29'27''$	$0.026\,0$
1	$1:20.047 = 0.0498\,7$	$2°51'27''$	$1°25'43''$	$0.024\,9$
2	$1:20.020 = 0.049\,94$	$2°51'40''$	$1°25'50''$	$0.025\,0$
3	$1:19.922 = 0.050\,185$	$2°52'31''$	$1°26'16''$	$0.025\,1$
4	$1:19.254 = 0.051\,925$	$2°58'30''$	$1°29'15''$	$0.026\,0$
5	$1:19.002 = 0.052\,613$	$3°0'52''$	$1°30'26''$	$0.026\,3$
6	$1:19.180 = 0.052\,125$	$2°59'12''$	$1°29'36''$	$0.026\,1$

（2）米制圆锥有 4、6、80、100、120、160、200 七个号码。它的号码指的是其最大圆锥直径，锥度固定不变，即 $C = 1:20$。例如，200 号米制圆锥的最大圆锥直径是 200 mm，锥度 $C = 1:20$。

除了标准圆锥外，还经常会遇到各种专用的标准圆锥，其锥度大小及其应用场合如表5－3所示。

表5－3　常用标准圆锥的锥度及其应用场合

锥度 C	圆锥角 α	圆锥半角 $\frac{\alpha}{2}$	应用举例
1:4	14°15′	7°7′30″	车床主轴法兰及轴头
1:5	11°25′16″	5°42′38″	易于拆卸的连接、砂轮主轴与砂轮法兰结合、锥形摩擦离合器等
1:7	8°10′16″	4°5′8″	管件的开关塞、阀等
1:12	4°46′19″	2°23′9″	部分滚动轴承内环锥孔
1:15	3°49′6″	1°54′33″	主轴与齿轮的配合部分
1:16	3°34′47″	1°47′24″	55°密封管螺纹
1:20	2°51′51″	1°25′56″	米制工具圆锥、锥形主轴颈
1:30	1°54′35″	0°57′17″	装柄的铰刀、扩孔钻与柄的配合
1:50	1°8′45″	0°34′23″	圆锥定位销及锥铰刀
7:24	16°35′39″	8°17′50″	铣床主轴孔及刀杆的锥体
7:64	6°15′38″	3°7′49″	刨齿机工作台的心轴孔

三、圆锥的车削方法

由于圆锥的素线与轴线相交成圆锥半角，因此在车削圆锥时，只有车刀的运动轨迹与圆锥的素线平行，才能车削出正确的圆锥面。

常见车削圆锥面的方法有转动小滑板法、偏移尾座法、仿形法和宽刃刀法等。

1. 转动小滑板法

（1）转动小滑板法是指将小滑板沿顺时针或逆时针方向，按工件的圆锥半角 $\frac{\alpha}{2}$ 转动一个角度，使车刀的运动轨迹与所要加工圆锥在水平轴平面内的素线平行，用双手配合，均匀、不间断地转动小滑板手柄，手动进给车削圆锥面的方法，如图5－9所示。

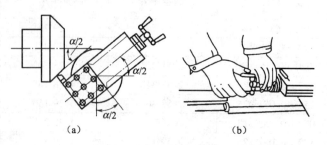

图5－9　转动小滑板法

（a）小滑板转动角度；（b）双手交替转动小滑板手柄

（2）转动小滑板法车削外圆锥的特点：

① 能车削圆锥角度较大的工件，可超出小滑板的刻度范围。

② 能车出整个圆锥体和圆锥孔，应用范围广，操作简单。

③ 调整方便，在同一工件上可车削不同的锥角。

④ 只能用手动进给，工人劳动强度大，且表面粗糙度难以控制（大型车床上小滑板才有自动进给装置）。

⑤ 受小滑板行程的限制，只能加工锥面不长的工件。

车削常用锥度和标准锥度时，小滑板转动角度如表 5 - 4 所示。

表 5 - 4　车削常用锥度和标准锥度时小滑板转动角度

名称		锥度	小滑板转动角度	名称	锥度	小滑板转动角度
莫式锥度	0	1:19.212	1°29′27″	0°17′11″	1:200	0°08′36″
	1	1:20.047	1°25′43″	0°34′23″	1:100	0°17′11″
	2	1:20.020	1°25′50″	1°8′45″	1:50	0°34′23″
	3	1:19.922	1°26′16″	1°54′35″	1:30	0°57′17″
	4	1:19.254	1°29′15″	2°51′51″	1:20	1°25′56″
	5	1:19.002	1°30′26″	3°49′6″	1:15	1°54′33″
	6	1:19.180	1°29′36″	标准锥度	4°46′19″	1:12	2°23′09″
标准锥度	30°	1:1.866	15°	5°43′29″	1:10	2°51′15″
	45°	1:1.207	22°30′	7°9′10″	1:8	3°34′35″
	60°	1:0.866	30°	8°10′16″	1:7	4°05′08″
	75°	1:0.625	37°30′	11°25′16″	1:5	5°42′38″
	90°	1:0.5	45°	18°55′29″	1:3	9°27′44″
	120°	1:0.289	60°	16°35′32″	7:24	8°17′46″

（3）转动小滑板的方法。

① 用扳手将小滑板下面转盘上的两个螺母松开。

② 按工件上外圆锥面的逆时针、顺时针确定小滑板的转动方向。

a. 车削正外圆锥面（又称顺锥），即圆锥大端靠近主轴、小端靠近尾座方向时，小滑板应按逆时针方向转动。

b. 车削反外圆锥面（又称倒锥），即圆锥小端靠近主轴、大端靠近尾座方向时，小滑板应按顺时针方向转动。

③ 根据工件的圆锥半角，转动小滑板至所需位置，使小滑板基准零线与圆锥半角刻线对齐，然后锁紧转盘上的螺母。

④ 如果工件圆锥半角不是整数，其小数部分可用目测的方法估计，大致对准后，再通过试车法逐步找正。

⑤ 还需检查和调整小滑板导轨与镶条间的配合间隙。

（4）车刀的安装。

① 车刀应严格对准工件的回转中心，否则车削出的圆锥素线不是直线，而是双曲线，

如图 5 – 10 所示。

② 车刀的安装方法与车削外圆时车刀的安装方法一样。

③ 检查刀尖是否对准工件中心的方法，与前面的检查方法一样。

（5）车削外圆锥面的步骤。

① 按最大圆锥直径（增加 1 mm 余量）和圆锥长度将圆锥部分先车削成圆柱体。

② 移动中、小滑板，使车刀刀尖与轴端外圆面刚好接触，如图 5 – 11 所示。然后将小滑板向后退出，将中滑板刻度调至零位，作为粗车外圆锥面的起始位置。

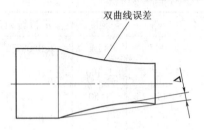

图 5 – 10　圆锥表面的双曲线误差

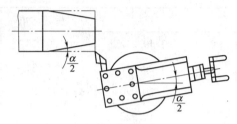

图 5 – 11　确定起始位置

③ 移动中滑板，调整背吃刀量，开动车床，双手交替转动小滑板手柄，进给切削，速度应保持均匀一致，如图 5 – 12 所示。当车削至终端时，将中滑板退出，小滑板快速后退复位。

④ 重复步骤③，调整背吃刀量，手动进给粗车外圆锥面，直至工件能塞入套规约 1/2 为止。

⑤ 用套规、样板或游标万能角度尺检测圆锥角，找正小滑板转角。

⑥ 找正后，继续粗车外圆锥面，留精车余量 0.5 ~ 1.0 mm。

⑦ 把小滑板转角调整准确后，精车外圆锥面至要求。

（6）外圆锥面圆锥角的找正。

精车外圆锥面时，必须找正外圆锥面的圆锥角。因此，要求在粗车了一半外圆锥面时开始找正，找正圆锥角或锥度的主要方法如下：

① 用角度样板透光检测：如图 5 – 13 所示，用角度样板检查时，主要通过透光的多少来找正小滑板的角度，反复多次，直到达到要求为止。

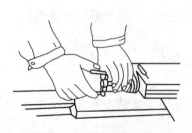

图 5 – 12　手动进给车削圆锥面

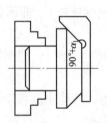
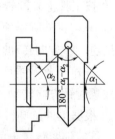

图 5 – 13　用角度样板检测圆锥角

② 用游标万能角度尺检测：将游标万能角度尺调整到要测量的角度，使基尺通过工件中心靠在端面上，刀口形直尺靠在外圆锥面的素线上，测量出圆锥半角，根据要求进行调整，如图 5 – 14 所示。

③ 用套规着色检测：将套规轻轻套在工件上，捏住套规左、右两端分别上下摆动，应

均无间隙，如图 5-15 所示。若大端有间隙，说明圆锥角太小；若小端有间隙，说明圆锥角太大，如图 5-16 所示。这时可松开转盘螺母，按需要用铜锤轻轻敲动小滑板使其微量转动，然后拧紧螺母。试车后再检测，直至符合要求为止。

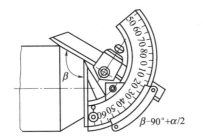

图 5-14　用游标万能角度尺检测圆锥半角

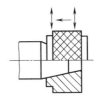

图 5-15　用套规检测圆锥角

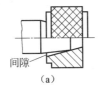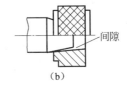

图 5-16　用间隙部位判定圆锥角的大小

（a）圆锥角太小；（b）圆锥角太大

（7）外圆锥面几何尺寸的控制。

确保圆锥面的锥度正确后，还必须控制好圆锥面的几何尺寸，即最大、最小圆锥直径。

① 用卡钳和千分尺测量：用卡钳和千分尺测量锥体的最小圆锥直径，根据测量值调整中滑板的进给量，即背吃刀量。测量时，必须注意卡钳脚（或千分尺测量杆）应和工件的轴线垂直。

② 用套规检测：先测量出工件小端端面至套规过端界面的距离 a，如图 5-17 所示。

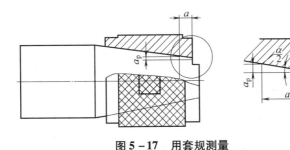

图 5-17　用套规测量

可以用以下方法得出其背吃刀量。

a. 计算法。

根据测量出的工件小端端面至套规过端界面的距离 a，用下式计算出背吃刀量 a_p。

$$a_p = a\tan\left(\frac{\alpha}{2}\right) \text{或} a_p = a \times \frac{C}{2} \tag{5.5}$$

式中，a_p——背吃刀量（mm）；

$\dfrac{\alpha}{2}$——圆锥半角；

C——锥度。

然后移动中、小滑板，使刀尖轻轻接触工件圆锥小端外圆表面后，退出小滑板。中滑板按 a_p 值进刀，小滑板手动进给，精车外圆锥面至尺寸，如图 5 – 18 所示。

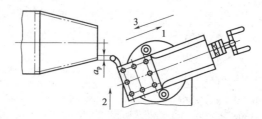

图 5 – 18 用中滑板调整精车背吃刀量 a_p

b. 移动床鞍法。

根据量出的长度 a，使车刀刀尖轻轻接触工件圆锥小端的外圆锥表面，向后退出小滑板，使车刀沿轴向离开工件端面一个 a 的距离（调整前应先消除小滑板丝杠间隙），如图 5 – 19 所示。然后移动床鞍，使车刀与工件端面接触，如图 5 – 20 所示。此时，虽然没有移动中滑板，但车刀已经切入一个需要的背吃刀量 a_p。

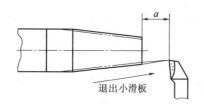

图 5 – 19 退出小滑板调整精车背吃刀量

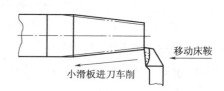

图 5 – 20 移动床鞍完成背吃刀量的调整

c. 偏移尾座法。

车削长度较长、锥度较小的外圆锥工件时，若精度要求不高，可用偏移尾座法。车削时将工件装在两顶尖之间，把尾座横向偏移一段距离 S，使工件的旋转轴线与车刀纵向进给方向相交成一个圆锥半角 $\dfrac{\alpha}{2}$，从而车削出圆锥。偏移尾座车削圆锥的方法如图 5 – 21 所示。

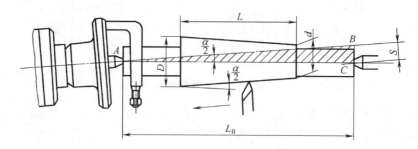

图 5 – 21 偏移尾座法车削圆锥

用偏移尾座法车削圆锥时，必须注意尾座的偏移量不仅和圆锥长度有关，而且还和两顶尖之间的距离有关，这段距离一般可近似看作工件全长 L_0。尾座偏移量可用下列近似公式计算：

$$S \approx L_0 \tan \frac{\alpha}{2} = \frac{D-d}{2L} \times L_0 \qquad (5.6)$$

或
$$S = \frac{C}{2} \times L_0$$

式中，S——尾座偏移量（mm）；

$\quad$ D——大端直径（mm）；

$\quad$ d——小端直径（mm）；

$\quad$ L——圆锥长度（mm）；

$\quad$ L_0——工件全长（mm）；

$\quad$ C——锥度。

偏移尾座法车削圆锥的优点是：可利用车床机动进给进行车削，车削出工件的表面粗糙度较小，能车削较长的圆锥。缺点是：受尾座偏移量的限制，不能车削锥度较大的圆锥，只能车削外圆锥，不能车削内圆锥。车削时若中心孔接触不良，或每批工件两中心孔间的距离不能完全一致，则会影响工件的加工质量。

d. 仿形法。

仿形法（靠模法）是刀具按仿形装置进给对工件进行车削加工的一种方法。这种方法适用于车削长度较长、精度要求较高和生产批量较大的内、外圆锥工件。仿形法车削圆锥的原理如图 5 – 22 所示。

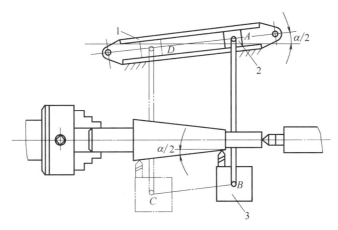

图 5 – 22　仿形法车圆锥的基本原理
1—靠模板；2—滑块；3—刀架

在车床的床身后装一固定靠模板 1，靠模板上有斜槽，斜槽角度可按所车削圆锥的圆锥半角 $\frac{\alpha}{2}$ 调整。斜槽中的滑块 2 通过中滑板与刀架 3 刚性连接（中滑板丝杠在车削时已抽去）。当床鞍纵向进给时，滑块 2 沿靠模板斜槽滑动，并带动车刀沿平行于斜槽的方向移动，其运动轨迹 BC 与斜槽方向 AD 平行。因此，就车削出了圆锥。

仿形法车削圆锥的优点是：调整锥度既方便又准确，工件中心孔与顶尖接触良好，锥面加工质量高，可利用车床机动进给车削内、外圆锥。缺点是：只有在带有靠模附件的车床上才能使用，靠模角度调节范围小，只能车削圆锥半角小于 12°以下的圆锥。

e. 宽刃刀车削法。

这种车削方法实质上属于成形法。宽刃刀属于成形车刀（与工件加工表面形状相同的车刀），其刀刃必须平直，装刀后应保证刀刃与车床主轴轴线的夹角等于工件的圆锥半角，如图 5 - 23 所示。使用这种车削方法时，要求车床具有良好的刚性，否则容易引起振动。宽刃刀车削法只适用于车削较短的外圆锥。

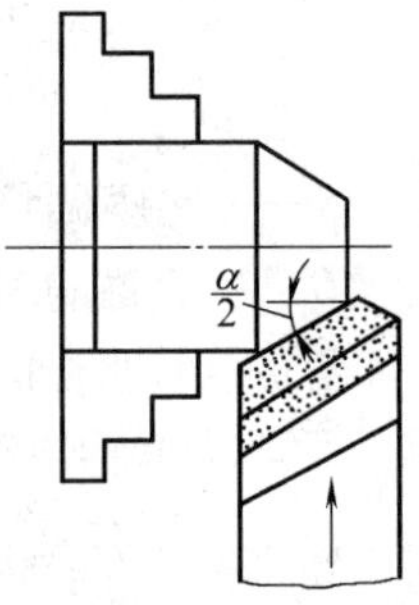

图 5 - 23　宽刃刀车削圆锥

四、外圆锥面的检测

圆锥的检测主要指圆锥角度和尺寸精度的检测。

1. 角度或锥度的检测

（1）用游标万能角度尺测量。游标万能角度尺的结构如图 5 - 24 所示，其测量范围为 $0° \sim 320°$。这种方法测量精度不高，只适用于单件、小批量生产。

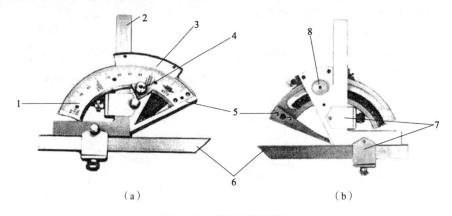

（a）　　　　　　　　　　（b）

图 5 - 24　游标万能角度尺

（a）主视图；（b）后视图

1—主尺；2—直角尺；3—游标尺；4—锁紧装置；5—基尺；6—直尺；7—卡块；8—捏手

万能角度尺的分度值有 $2'$ 和 $5'$ 两种，下面介绍分度值为 $2'$ 的万能角度尺的读数原理。

主尺刻度每格为 $1°$，游标上总角度为 $29°$，并等分为 30 格，如图 5 - 25（a）所示，每格所对的角度为

$$\frac{29°}{30} = \frac{60' \times 29}{30} = 58'$$

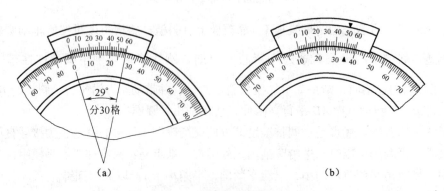

（a）　　　　　　　　　　　　（b）

图 5 - 25　游标万能角度尺的读数原理和读数示例

（a）读数原理；（b）读数示例

因此，主尺一格与游标一格相差：

$$1 - \frac{29°}{30} = 60' - 58' = 2'$$

即此万能角度尺的分度值为 2′。

万能角度尺的读数方法与游标卡尺的读数方法相似，即先从主尺上读出游标零线前的整读数，然后在游标上读出分的数值，两者相加就是被测件的角度数值。如图 5 – 25（b）所示读数为 10°50′。

用游标万能角度尺检测外圆锥角度时，应根据被测角度的大小，选择不同的测量方法，如图 5 – 26 所示。

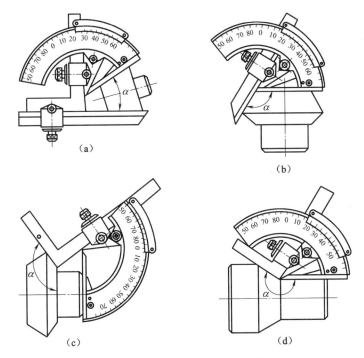

（a）　　　　　　　　　（b）

（c）　　　　　　　　　（d）

图 5 – 26　用游标万能角度尺测量工件的方法

（a）0°~50°；（b）50°~140°；（c）140°~230°；（d）230°~320°

（2）用角度样板测量。角度样板属于专用量具，不能测得实际的角度值，其测量方法如图 5 – 27 所示。这种方法快捷方便，主要用于成批生产和大量生产。

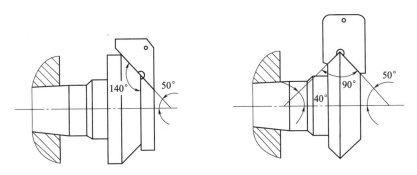

图 5 – 27　用角度样板测量锥齿轮坯角度的方法

（3）用圆锥套规测量。对于配合精度较高的外圆锥工件，可使用圆锥套规测量，如图 5 – 28 所示。

用套规检查圆锥的方法与步骤如下：

① 在工件表面上，顺着素线方向相隔 120°薄而均匀地涂上三条显示剂，如图 5 – 29 所示。

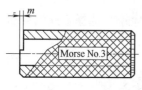

图 5 – 28　圆锥套规

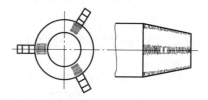

图 5 – 29　涂色方法

② 把套规轻轻套在工件上转动不超过半圈，如图 5 – 30 所示。

③ 取下套规，观察工件锥面上显示剂的擦去情况，如果涂在工件上显示剂的摩擦痕迹很均匀，则说明圆锥孔的锥度正确，如图 5 – 31 所示。如果锥体的小端处有摩擦痕迹，而大端处没有摩擦痕迹，则说明圆锥体的锥度小了；反之说明圆锥体的锥度大了。

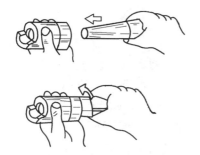

图 5 – 30　用套规检查圆锥

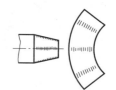

图 5 – 31　合格的圆锥展开图

2. 外圆锥面几何尺寸的测量

圆锥的尺寸检测主要是对圆锥最大、最小圆锥直径的测量。

（1）用千分尺测量。对于精度要求较低的圆锥和加工中粗测圆锥尺寸，一般使用千分尺测量。测量时，千分尺的测微螺杆应与工件的轴线垂直，测量位置必须在圆锥体的最大端或最小端处。

（2）用圆锥套规测量。圆锥套规除了有一个精确的圆锥表面外，还根据工件的直径尺寸和公差，在小端处开了一个轴向距离为 m 的阶台，如图 5 – 28 所示。阶台长度 m（刻线之间的距离）就是最小圆锥直径的公差范围，表示通端与止端。

检测时，如果锥体的小端平面在阶台之间，说明小端直径合格，如图 5 – 32（a）所示；若锥体未能进入阶台，说明最小圆锥直径太大，如图 5 – 32（b）所示；若锥体小端平面超过了阶台刻线（止端），说明其最小圆锥直径太小，如图 5 – 32（c）所示。

3. 外圆锥的质量分析

加工外圆锥时会产生很多缺陷，如锥度（角度）或尺寸不正确、双曲线误差、表面粗糙度值过大等，如表 5 – 5 所示。

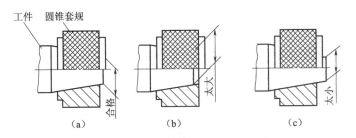

图 5-32 用圆锥套规检测外圆锥的尺寸

(a) 合格；(b) 小端直径大；(c) 小端直径小

表 5-5 车削外圆锥时产生废品的原因及预防措施

废品种类	产生原因	预防措施
锥度（角度）不正确	(1) 小滑板转动角度计算错误或小滑板角度调整不当； (2) 车刀没有紧固； (3) 小滑板移动时松紧不均	(1) 仔细计算小滑板应转动的角度、方向，反复试车找正； (2) 紧固车刀； (3) 调整镶条间隙，使小滑板移动均匀
大、小端尺寸不正确	(1) 未经常测量大、小端直径； (2) 刀具进给存在误差	(1) 经常测量大、小端直径； (2) 及时测量，用计算法或移动床鞍法控制切削深度
双曲线误差	车刀刀尖没有对准工件中心	车刀刀尖必须严格对准工件中心
表面粗糙度达不到要求	(1) 切削用量选择不当； (2) 手动进给忽快忽慢； (3) 车刀角度不正确，刀尖不锋利； (4) 小滑板镶条间隙不当； (5) 未留足精车余量	(1) 正确选择切削用量； (2) 手动进给要均匀，快慢应一致； (3) 刃磨车刀角度要正确，刀尖要锋利； (4) 调整小滑板镶条间隙； (5) 要留有适当的精车余量

【任务准备】

(1) 设备：CA6140 型车床。

(2) 备料：45 钢，ϕ50 mm×65 mm（每位学生一根）。

(3) 刀具：90°外圆刀、45°外圆刀及垫刀片若干。

(4) 量具：游标卡尺（0~150 mm）、外径千分尺（25~50 mm）、带表游标卡尺（0~150 mm，0.01 mm）、数显深度游标卡尺（0~150 mm，0.01 mm）、万能角度尺、表面粗糙度比较样块、百分表及座。

(5) 工具：油枪，100.0 mm×20.0 mm×0.2 mm 铜皮，上刀、上料扳手，活扳手，铁钩子，一字螺丝刀。

(6) 学生防护用品：工作服、工作帽、防护眼镜等。

【任务实施】

一、加工前的准备

（1）编制外圆锥体工件的加工工艺，并填写工艺卡片，如表5-6所示。
（2）检查车床各部分机构是否完好，各手柄、开关功能是否有效，低速空车试运转。
（3）对导轨、尾座、丝杠和光杠、进给箱等部位加油润滑。
（4）采用三爪自定心卡盘装夹工件，要求夹紧力适当，工件伸出长度适宜。
（5）装夹90°外圆车刀、45°外圆车刀，刀尖对准工件中心，夹紧牢固。

二、加工外圆锥体工件

按表5-6加工工艺卡片中的加工步骤加工工件。

表5-6 加工工艺卡片

姓名：	加工工艺卡片		日期：
班级：			实训车间：机加工车间
工位号：			得分：
工件名称：外圆锥体工件		图样编号：C5-001	
毛坯材料：45钢		毛坯尺寸：$\phi 50$ mm × 65 mm	

序号	内容	a_p/mm	$n/$ (r·min^{-1})	$f/$ (mm·min^{-1})	工卡量具	备注
1	检查毛坯尺寸 $\phi 50$ mm × 65 mm 是否合格				游标卡尺	
2	装夹毛坯，车削装夹用外圆 $\phi 46$ mm × 29 mm	2	450	0.33	游标卡尺	
3	掉头装夹已车好的台阶 $\phi 46$ mm × 29 mm 处，夹紧牢固				三爪自定心卡盘	
4	车削端面		1 120	手动		
5	粗车外圆 $\phi 48_{-0.025}^{0}$ mm × 30 mm、$\phi 40_{-0.025}^{0}$ mm × 20 mm，外圆留精加工余量 0.5 mm，长度留 0.5 mm	2	450	0.33	游标卡尺	
6	精车外圆 $\phi 48_{-0.025}^{0}$ mm × 30 mm、$\phi 40_{-0.025}^{0}$ mm × 20 mm 至尺寸合格，控制表面粗糙度	0.15	1 120	0.08	游标卡尺、外径千分尺、数显深度游标卡尺、表面粗糙度比较样块	

续表

序号	内容	a_p/mm	$n/$ (r·min^{-1})	$f/$ (mm·min^{-1})	工卡量具	备注
7	倒角倒钝，检查各尺寸，卸下工件		450	手动		
8	掉头垫铜皮装夹 $\phi40$ 外圆处，用磁力表找正，适当加紧				三爪自定心卡盘	
9	精车端面，保证总长 $60_{-0.1}^{0}$ mm	0.1	1 120	0.1	带表游标卡尺	
10	精车外圆 $\phi45_{-0.025}^{0}$ mm $\times$ 30 mm 至尺寸合格，控制表面粗糙度	0.15	1 120	0.08	游标卡尺、外径千分尺、数显深度游标卡尺、表面粗糙度比较样块	
11	转动小滑板粗车 1:5 圆锥体，并逐步找正 1:5 锥度，留精车余量 0.3~0.5 mm	0.5	560	手动	万能角度尺	
12	精车圆锥体，控制好锥体长度 25 mm 及表面粗糙度要求	0.2	1 120	手动	游标卡尺、万能角度尺、外径千分尺	
13	倒钝，检查各尺寸，卸下工件		450	手动		
14	按图样各项技术要求进行自检、互检				游标卡尺、外径千分尺、带表游标卡尺、万能角度尺、表面粗糙度比较样块	

【检查评议】

车削外圆锥体工件评分标准如表 5-7 所示。

表 5-7 车削外圆锥体工件评分标准

班级：		姓名：	工位号：		任务：外圆锥体工件加工		工时：	
项目	检测内容		分值	评分标准		自检	互检	得分
外圆	$\phi48_{-0.025}^{0}$ mm，$Ra1.6$ μm		8/2	超差全扣，粗糙度降级全扣				
	$\phi40_{-0.025}^{0}$ mm，$Ra1.6$ μm		8/2	超差全扣，粗糙度降级全扣				
	$\phi45_{-0.025}^{0}$ mm，$Ra1.6$ μm		8/2	超差全扣，粗糙度降级全扣				

续表

项目	检测内容	分值	评分标准	自检	互检	得分
锥体	1:5（5°42′±4′），$Ra1.6$ μm	20/10	超差全扣，粗糙度降级全扣			
	30 mm±0.05 mm	8	超差全扣			
	5 mm	5	超差全扣			
长度	$60_{-0.1}^{0}$ mm	8	超差全扣			
	$20_{-0.05}^{0}$ mm	8	超差全扣			
倒角	C1	1	超差全扣			
安全文明生产		10	视情况酌情扣分			
监考人：		检验员：			总分：	

任务二　内圆锥的加工

【任务描述】

前面我们学习了如何加工外圆锥体，在圆锥面配合中，还有一种圆锥面为工件的内表面，我们称为内圆锥面，又称内圆锥孔，如过渡套筒的内圆锥面、尾座锥孔的内圆锥面等。这种圆锥面在车床上是怎样加工的呢？要解决这个问题，实际上就是要掌握车工中车削内圆锥面的方法。

本任务通过工艺理论知识的学习，掌握内圆锥的尺寸计算和控制锥面尺寸的方法，掌握转动小滑板法车削内圆锥及内圆锥的测量方法。经过技能操作训练，逐步掌握用转动小滑板法车削内圆锥。

请选择合适的刀具完成如图5-33所示内圆锥工件的加工。

【任务分析】

图5-33所示的锥度套由一段锥度为1:5、长为25 mm的圆锥孔，一段直径为 $\phi38$ mm的圆柱孔，一段直径为 $\phi22$ mm的圆柱孔，一段直径为 $\phi32$ mm的圆柱孔和一段圆锥角为30°、长为8 mm的圆锥孔组成。

长为25 mm的圆锥孔拟采用转动小滑板法进行加工；长为8 mm的圆锥孔拟使用宽刃车刀进行加工。

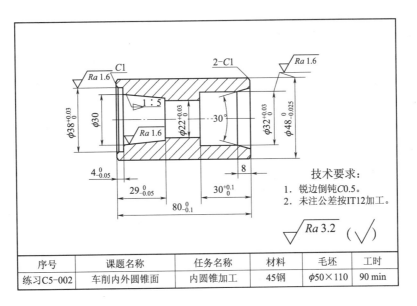

序号	课题名称	任务名称	材料	毛坯	工时
练习C5-002	车削内外圆锥面	内圆锥加工	45钢	$\phi 50 \times 110$	90 min

图 5－33　内圆锥体工件

【相关知识】

一、内圆锥的加工方法

在车床上加工内圆锥面的方法主要有：转动小滑板法、宽刃刀法、仿形法和铰内圆锥法。转动小滑板法车内圆锥面适用于单件、小批量生产，特别适用于锥孔直径较大、长度较短、锥度较大的圆锥孔，操作简单、方便，不需要辅助设施。本任务主要介绍转动小滑板法车内圆锥。

车内圆锥面（锥孔）比车外圆锥面困难，因为车削时车刀在孔内切削，不易观察和测量。为了便于加工和测量，装夹工件时应使锥孔大端直径的位置在外端（靠近尾座方向），锥孔小端直径的位置则靠近车床主轴。

1. 转动小滑板法加工内圆锥

（1）内圆锥面前孔的加工。

先车平工件端面，然后用小于锥孔小端直径 1~2 mm 的麻花钻钻孔。

（2）内圆锥车刀的选择及装夹。

由于圆锥孔车刀刀柄尺寸受圆锥孔小端直径的限制，为了增大刀柄刚度，宜选用圆锥形刀柄，且使刀尖与刀柄中心对称平面等高。装刀时，可以用车平面的方法调整车刀，使刀尖严格对准工件中心，刀柄伸出长度应保证其切削行程，刀柄与工件锥孔周围应留有一定空隙。车刀装夹好后还须停车，在孔内摇动床鞍至终点，检查刀柄是否会产生碰撞。

如果工件端面已有预制孔（钻的孔、铸造或锻造的孔），锥孔车刀刀尖对准工件回转中心的方法为：先采用前刀面对准中心的方法初步调整车刀的高低位置并夹紧，然后移动床鞍和中滑板，使车刀与工件端面刚好接触，摇动中滑板，使车刀刀尖在工件端面上轻轻划出一条刻线 AB，如图 5－34（a）所示；将卡盘扳转 $180°$，使刀尖通过 A 点再划一条刻线 AC。若刻线 AC 与 AB 重合，说明刀尖对准工件回转中心；若 AC 在 AB 下方，说明车刀装低了，如图 5－34（b）所示；若 AC 在 AB 上方，说明车刀装高了，如图 5－34（c）所示。此时可根据 BC 间距离的 1/4 左右增、减车刀垫片的厚度，使刀尖对准工件的回转中心。

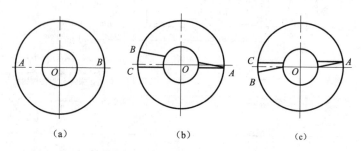

图 5－34　车刀刀尖对准工件回转中心的方法

（a）车刀安装合格；（b）车刀装低了；（c）车刀装高了

如果车刀刀尖没有严格对准工件的回转中心，内圆锥面会加工成凸形双曲线，如图 5－35 所示。因此，当中途刃磨车刀后再装刀时，必须重新调整垫片的厚度，使车刀刀尖严格对准工件的回转中心。

车削内外圆锥配合件时可用以下两种装刀方法：

① 车刀反装法：将锥孔车刀反装，使车刀前面向下，刀尖应对准工件回转中心。车床主轴仍正转，然后车内圆锥面，如图 5－36 所示。

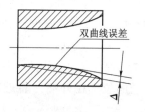

图 5－35　车削内圆锥时出现凸形双曲线

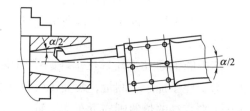

图 5－36　车刀反装法

② 车刀正装法：采用与一般内孔车刀弯头方向相反的锥孔车刀，如图 5－37 所示。车刀正装，使车刀前面向上，刀尖对准工件回转中心。车床主轴应反转，然后车内圆锥面。车刀相对工件的切削位置与采用车刀反装法装刀时的切削位置相同。

（3）转动小滑板车内圆锥面。

① 转动小滑板车内圆锥面的方法与车削外圆锥面时相同，只是方向相反，应顺时针方向偏转 $\dfrac{\alpha}{2}$，如图 5－38 所示。

② 车削前也须调整好小滑板导轨与镶条的配合间隙，并确定小滑板的行程。

③ 找正圆锥角度。

检查和找正内圆锥面圆锥角的方法与检查和找正外圆锥面圆锥角的方法基本相同，除了可以用样板、万能角度尺检查外，还可以用塞规进行检查，如图 5－39 所示。

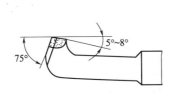

图5-37 车刀正装法

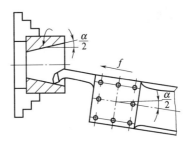

图5-38 转动小滑板法车内圆锥

用塞规检测与找正内圆锥面圆锥角的方法：将圆锥塞规轻轻套在工件上，用手捏住塞规，上、下摆动，若无间隙，则说明内圆锥面的圆锥角正确；若大端有间隙，说明内圆锥的圆锥角太大；若小端有间隙，说明内圆锥的圆锥角太小，如图5-40所示。

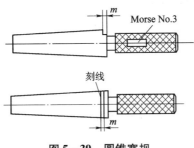

图5-39 圆锥塞规

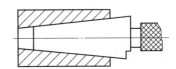

图5-40 用塞规检测内圆锥的圆锥角

④ 内圆锥几何尺寸的控制。

精车内圆锥与精车外圆锥时控制尺寸的方法相同，也可以采用计算法或移动床鞍法确定背吃刀量，如图5-41和图5-42所示。

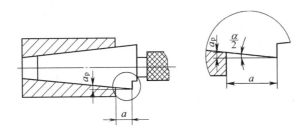

图5-41 用计算法控制圆锥孔尺寸

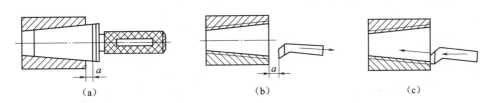

（a）　　　　　　　　　　（b）　　　　　　　　　　（c）

图5-42 用移动床鞍控制圆锥孔尺寸

如果要加工内、外圆锥配合表面，可以先转动小滑板将外圆锥车好，然后保持小滑板的角度不变，将内圆锥车刀反装，使切削刃向下，主轴仍正转，便可以加工出与圆锥体相配合的圆锥孔，如图 5-43 所示。这种方法适合车削数量较少的配合圆锥，可以获得比较理想的配合精度。

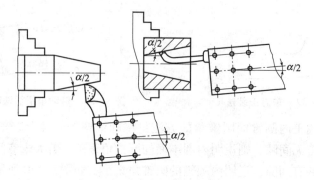

图 5-43　配合圆锥的车削方法

配合的圆锥表面也可以用左镗孔刀进行车削，但应注意用左镗孔刀进行车削时，车床主轴应反转。

（4）车削内圆锥时切削用量的选择。

① 切削速度比车削外圆锥时低 10% ~20% 。

② 手动进给要始终保持均匀，不能有停顿与快慢不均匀等现象，最后一刀的背吃刀量一般取 0.1 ~0.2 mm。

③ 精车钢件时，可以加切削液或全损耗系统油，以减小表面粗糙度值，提高表面质量。

2. 宽刃刀法加工内圆锥

（1）宽刃锥孔车刀的选择与安装。

① 宽刃锥孔车刀的选择：宽刃锥孔车刀一般选用高速钢车刀，前角取 20° ~30°，后角取 8° ~10°。车刀的切削刃必须刃磨平直，与刀柄底面平行，且与刀柄轴线夹角为圆锥半角，如图 5-44 所示。

② 宽刃锥孔车刀的安装：切削刃必须严格对准工件的回转中心，并保证切削刃和工件轴线的夹角等于圆锥半角。

（2）车削方法。

① 先用车孔刀粗车内圆锥面，留精车余量。

② 换宽刃锥孔车刀精车，将切削刃伸入孔内（长度应大于圆锥长度），横向（或纵向）进给，低速车削，如图 5-45 所示。

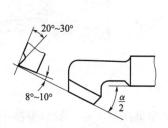

图 5-44　宽刃锥孔车刀

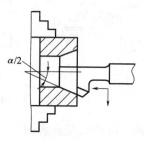

图 5-45　用宽刃锥孔车刀车削内圆锥面

③ 车削时，使用切削液润滑可使车削出的内锥面的表面粗糙度值达到 $Ra1.6\ \mu m$。

（3）特点。

宽刃刀法实质上属于成形法，切削刃的宽度要大于被加工锥面的长度，切削刃必须平直。使用宽刃锥孔车刀车削内圆锥面时，要求车床应具有很高的刚度，以免车削时发生振动。

它主要适用于锥面短、锥孔直径较大、圆锥半角精度要求不高，而锥面的表面粗糙度值要求较小的内圆锥面的车削。

3. 仿形法加工内圆锥

此种车削方法与车外圆锥相似，这时只要把靠模板转到与外圆锥时相反的位置，将车外圆锥的车刀调换成车内圆锥的车刀就可以了。

4. 铰内圆锥法加工内圆锥

（1）特点。

用锥形铰刀铰削直径较小和精度较高的内圆锥面，可以克服因车刀刚度低，难以达到较高精度和获得较小表面粗糙度值的缺点。用铰削方法加工出的内圆锥面，其精度比车削加工高，表面粗糙度值可达到 $Ra1.6 \sim Ra0.8\ \mu m$。

（2）锥形铰刀的选择与安装。

① 锥形铰刀的选择：锥形铰刀分粗铰刀和精铰刀两种，如图 5 - 46 所示。粗铰刀的槽数比精铰刀少，容屑空间大，对排屑有利。粗铰刀的切削刃上开有一条右螺旋分屑槽，将原来很长的切削刃分割成若干段短切削刃，因而在铰削时可把切屑分成几段，使切屑容易排出。精铰刀做成锥度很准确的直线刀齿，并留有很小的棱边，以保证内圆锥面的质量。

② 锥形铰刀的安装：锥形铰刀的安装方法与圆柱形铰刀的安装方法相同。

（3）铰削方法。

① 当内圆锥面的孔径和锥度较大时，先用直径小于圆锥孔 1 ~ 2 mm 的麻花钻钻底孔，然后用车削内圆锥面的方法粗车内圆锥面，并留 0.1 ~ 0.2 mm 的余量，最后用精铰刀铰削成形至要求尺寸，如图 5 - 47 所示。

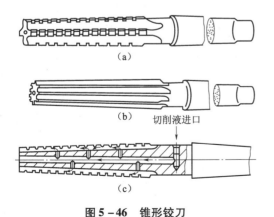

图 5 - 46　锥形铰刀

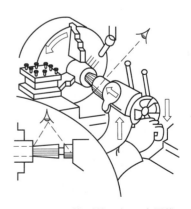

图 5 - 47　锥形铰刀加工内圆锥

② 当内圆锥的孔径和锥度较小时，钻孔后可直接用锥形铰刀粗铰锥孔，然后用精铰刀铰削成形。

（4）控制尺寸的方法。

可利用尾座套筒刻度来控制铰刀伸进圆锥孔的长度，如图5-48（a）所示，也可测量孔的端面至锥形铰刀大端端面之间的距离，或在铰刀上与锥孔大端直径相等处用铁丝或线扎在铰刀进入孔内铰削的终止位置，如图5-48（b）所示。

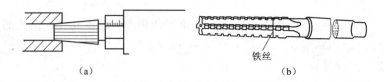

（a）　　　　　　　　　　　　　　　　（b）

图5-48　圆锥大端直径控制方法

（5）切削用量的选择。

铰削内圆锥面时，参加切削的切削刃长，切削面积大，排屑较困难，所以切削量应选择较小。

切削速度一般选5 m/min以下，进给应均匀。

进给量的大小根据锥度的大小选取，锥度大时进给量应小些，锥度小时进给量应大些。铰削圆锥角≤3°的锥孔，对于钢件，进给量一般选0.15~0.30 mm/r；对于铸铁件，进给量一般选0.3~0.5 mm/r。铰削内圆锥面时必须充分浇注切削液。

二、内圆锥面的检测

1. 内圆锥面圆锥角或锥度的检测

用圆锥塞规检测内圆锥面圆锥角或锥度的方法与检测外圆锥面圆锥角或锥度的方法相同。不同之处在于，将显示剂涂在塞规表面，判断圆锥角大小的方法刚好相反。若塞规的小端痕迹被擦去，大端痕迹没被擦去，说明圆锥角过大；反之，若大端痕迹被擦去，小端痕迹没被擦去，则说明圆锥角过小。

2. 内圆锥面尺寸的检测

主要用圆锥塞规检测内圆锥面的尺寸。根据工件直径的尺寸及公差，在圆锥塞规大端刻有轴向距离为公差范围的两条刻线，分别表示通端线与止端线。检测时，若锥孔大端平面在圆锥塞规两条刻线之间，说明锥孔尺寸合格，如图5-49（a）所示；若锥孔大端平面超过了止端线，说明锥孔尺寸过大，如图5-49（b）所示；若锥孔大端平面还没有达到通端线，说明锥孔尺寸过小，如图5-49（c）所示。

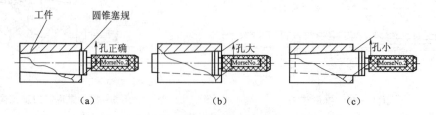

（a）　　　　　　　　　　（b）　　　　　　　　　　（c）

图5-49　用塞规检测内圆锥孔大端直径

（a）合格；（b）锥孔尺寸过大；（c）锥孔尺寸过小

3．车削内圆锥面的质量分析

车削内圆锥时产生废品的原因及预防措施如表5－8所示。

表5－8　车削内圆锥时产生废品的原因及预防措施

废品种类	产生原因	预防措施
锥度（角度）不正确	用转动小滑板法车削内圆锥面与车削外圆锥面的原因基本一致	
	用宽刃刀刀法车削内圆锥面时，产生问题的原因： （1）宽刃锥孔车刀安装不正确； （2）切削刃不直； （3）刃倾角不等于0°	（1）正确安装宽刃锥孔车刀； （2）保证切削刃平直； （3）正确刃磨车刀
	用圆锥铰刀铰削内圆锥面时，产生问题的原因： （1）铰刀的锥度不正确； （2）铰刀轴线与主轴轴线不重合	（1）正确选择铰刀； （2）正确安装铰刀
大、小端尺寸不正确	（1）未经常测量大、小端直径； （2）刀具进给存在误差	（1）经常测量大、小端直径； （2）及时测量，用计算法或移动床鞍法控制切削深度
凸形双曲线误差	车刀刀尖没有对准工件中心	车刀刀尖必须严格对准工件中心
表面粗糙度达不到要求	（1）切削用量选择不当； （2）手动进给忽快忽慢； （3）车刀角度不正确，刀尖不锋利； （4）小滑板镶条间隙不当； （5）未留足精车余量	（1）正确选择切削用量； （2）手动进给要均匀，快慢应一致； （3）刃磨车刀角度要正确，刀尖要锋利； （4）调整小滑板镶条间隙； （5）要留有适当的精车余量

【任务准备】

（1）设备：CA6140型车床。

（2）备料：45钢，ϕ50 mm×110 mm（每位学生一根）。

（3）刀具：90°外圆刀、45°外圆刀、内孔车刀、切断刀、15°宽刃锥孔车刀、B2.5中心钻、ϕ20钻头及垫刀片若干。

（4）量具：游标卡尺（0～150 mm）、外径千分尺（25～50 mm）、三点内径千分尺（20～25 mm、30～40 mm）、带表游标卡尺（0～150 mm，0.01 mm）、数显深度游标卡尺（0～150 mm、0.01 mm）、万能角度尺、圆锥塞规（1:5，若条件不具备，也可以用上一任务已加工好的外锥体工件作为检具来代替圆锥塞规）、表面粗糙度比较样块、百分表及座。

（5）工具：油枪，100.0 mm×20.0 mm×0.2 mm 铜皮，上刀、上料扳手，活扳手，铁钩子，一字螺丝刀。

（6）学生防护用品：工作服、工作帽、防护眼镜等。

【任务实施】

一、加工前的准备

（1）编制内圆锥体工件的加工工艺，并填写工艺卡片，如表5-9所示。

（2）检查车床各部分机构是否完好，各手柄、开关功能是否有效，低速空车试运转。

（3）对导轨、尾座、丝杠和光杠、进给箱等部位加油润滑。

（4）采用三爪自定心卡盘装夹工件，要求夹紧力适当，工件伸出长度适宜。

（5）装夹90°外圆车刀、45°外圆车刀，切断刀、内孔车刀，刀尖对准工件中心，夹紧牢固。

二、加工内圆锥体工件

按表5-9加工工艺卡片中的加工步骤加工工件。

表5-9 加工工艺卡片

姓名：	加工工艺卡片		日期：
班级：			实训车间：机加工车间
工位号：			得分：
工件名称：内圆锥体工件		图样编号：C5-002	
毛坯材料：45钢		毛坯尺寸：ϕ50 mm×110 mm	

序号	内容	a_p/mm	n/ (r·min⁻¹)	f/ (mm·min⁻¹)	工卡量具	备注
1	检查毛坯尺寸ϕ50 mm×110 mm 是否合格				游标卡尺	
2	装夹毛坯，车削装夹用外圆ϕ46 mm×20 mm	2	450	0.33	游标卡尺	
3	掉头装夹已车好的台阶ϕ46 mm×20 mm处，夹紧牢固				三爪自定心卡盘	
4	车削端面，钻中心孔		1 120	手动		
5	用ϕ20 mm钻头钻孔，长85 mm		450	手动	游标卡尺	
6	粗车外圆ϕ48$_{-0.025}^{0}$ mm×85 mm，外圆留精加工余量0.5 mm，长度留0.5 mm	2	450	0.33	游标卡尺	

续表

序号	内容	a_p/mm	n/ (r·min^{-1})	f/ (mm·min^{-1})	工卡量具	备注
7	粗车内孔 $\phi22^{+0.03}_{0}$ mm × 52 mm、$\phi32^{+0.03}_{0}$ mm × 30 mm，内孔留精加工余量 0.5 mm，长度留 0.5 mm	2	450	0.33	游标卡尺	
8	粗车 30° × 8 mm 圆锥孔	1	450		游标卡尺	
9	精车内孔 $\phi22^{+0.03}_{0}$ mm × 52 mm、$\phi32^{+0.03}_{0}$ mm × 30 mm 至尺寸合格，控制表面粗糙度	0.1	1 120	0.08	游标卡尺、三点内径千分尺、数显深度游标卡尺、表面粗糙度比较样块	
10	精车 30° × 8 mm 圆锥孔	0.1	45	手动	游标卡尺、万能角度尺	
11	精车外圆 $\phi48^{0}_{-0.025}$ mm × 85 mm 至尺寸合格，控制表面粗糙度	0.15	1 120	0.08	游标卡尺、表面粗糙度比较样块	
12	倒角倒钝，检查各尺寸		450	手动		
13	切断工件，总长留 0.5 mm 余量		450	手动	游标卡尺	
14	掉头垫铜皮装夹 $\phi48$ mm 外圆处，用磁力表找正，适当加紧				三爪自定心卡盘	
15	精车端面，保证总长 $80^{0}_{-0.1}$ mm	0.1	1 120	0.1	带表游标卡尺	
16	粗车内孔 $\phi25$ mm × 29 mm、$\phi38^{+0.03}_{0}$ mm × 4 mm，内孔留精加工余量 0.5 mm，长度留 0.5 mm	2	450	0.33	游标卡尺	
17	精车内孔 $\phi38^{+0.03}_{0}$ mm × 4 mm 至尺寸合格，控制表面粗糙度	0.1	1 120	0.08	游标卡尺、三点内径千分尺、数显深度游标卡尺、表面粗糙度比较样块	
18	转动小滑板粗车 1:5 圆锥体，并逐步找正 1:5 锥度，留精车余量 0.3 ~ 0.5 mm	0.5	560	手动	万能角度尺、(1:5) 圆锥塞规	
19	精车内圆锥孔，控制好锥体长度 25 mm 及表面粗糙度要求	0.2	1 120	手动	游标卡尺、万能角度尺、(1:5) 圆锥塞规	

续表

序号	内容	a_p/mm	n/$(\mathrm{r\cdot min^{-1}})$	f/$(\mathrm{mm\cdot min^{-1}})$	工卡量具	备注
20	倒角倒钝,检查各尺寸,卸下工件		450	手动		
21	按图样各项技术要求进行自检、互检				游标卡尺、外径千分尺、带表游标卡尺、三点内径千分尺、(1:5) 圆锥塞规、万能角度尺、数显深度游标卡尺、表面粗糙度比较样块	

【检查评议】

车削内圆锥体工件评分标准如表 5 - 10 所示。

表 5 - 10　车削内圆锥体工件评分标准

班级:		姓名:	工位号:	任务:外圆锥体工件加工		工时:		
项目	检测内容		分值	评分标准		自检	互检	得分
外圆	$\phi 48_{-0.025}^{0}$ mm, $Ra1.6\ \mu$m		6/2	超差全扣,表面粗糙度降级全扣				
内孔	$\phi 22_{0}^{+0.03}$ mm		6/1	超差全扣,表面粗糙度降级全扣				
	$\phi 32_{0}^{+0.03}$ mm, $Ra1.6\ \mu$m		6/2	超差全扣,表面粗糙度降级全扣				
	$\phi 38_{0}^{+0.03}$ mm, $Ra1.6\ \mu$m		6/2	超差全扣,表面粗糙度降级全扣				
圆锥孔	1:5, $Ra1.6\ \mu$m		20/2	与 (1:5) 圆锥塞规配合,接触面积每小于10%扣10分				
	$\phi 30$ mm		2	超差全扣				
	30°		8	超差全扣				
	8 mm		2	超差全扣				

项目	检测内容	分值	评分标准	自检	互检	得分
长度	$80_{-0.1}^{0}$ mm	5	超差全扣			
	$29_{-0.05}^{0}$ mm	5	·超差全扣			
	$30_{0}^{+0.1}$ mm	5	超差全扣			
	$4_{-0.05}^{0}$ mm	5	超差全扣			
倒角	$C2$（2 处）	4	超差全扣			
	$C1$（1 处）	1	超差全扣			
安全文明生产		10	视情况酌情扣分			
监考人：		检验员：			总分：	

课题六　车削成形面及表面修饰

课题简介：

在机械零件中，由于设计和使用方面的需要，有些零件表面要加工成各种复杂的曲面形状，如图 6-1 所示；有些零件表面需要特别光亮，而有的零件某些表面需要增加摩擦阻力，如图 6-2 所示。对于上述不同的要求，可以在卧式车床上采用各种适当的工艺方法来满足。

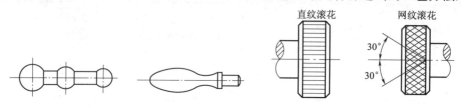

图 6-1　成形面工件　　　　　　　　图 6-2　滚花类工件

本课题通过对工艺理论知识的学习，了解成形面和表面修饰的相关知识。学会车削成形面车刀的刃磨和成形面车削时尺寸的计算，掌握双手控制法车削成形面的过程和成形面的检测方法；了解花纹及滚花刀的种类，学会工件滚花前外圆尺寸的计算和外圆滚花的过程。经过技能操作训练逐步掌握双手控制法车削成形面的方法和表面修光的方法；逐步掌握外圆滚花的方法。完成成形面的车削和外圆的滚花。

知识目标：

（1）了解成形面的定义。

（2）懂得仿形法、专用工具车成形面法的工作原理。

（3）了解成形面的检测方法。

（4）能分析车成形面时产生废品的原因及预防方法。

（5）了解研磨方法、研磨工具、研磨剂、研磨液、辅助材料以及研磨速度等对工件加工质量的影响。

（6）了解表面抛光时所使的锉刀、砂轮等工具及使用时的注意事项。

（7）了解花纹、滚花刀及滚花的方法。

（8）懂得滚花的注意事项，能分析滚花时产生乱纹的原因及预防方法。

技能目标：

（1）掌握成形面有关的计算方法，能合理选用成形面的车削方法。

（2）掌握双手控制法车成形面时相关尺寸的计算和进给、退刀速度分析。

（3）能正确、合理地选择成形车刀加工成形面。

（4）掌握利用双手控制法车削成形面的加工方法。

（5）掌握成形面的检测方法。

（6）掌握表面研磨的方法。

（7）掌握滚花刀的选择、安装及滚花方法。

任务一　成形面加工

【任务描述】

在机器制造中，经常会遇到有些零件表面的素线不是直线而是曲线，如单球手柄、三球手柄、摇手柄（如图6-3所示）及内、外圆弧槽等，这些带有曲线的零件表面叫成形面（特形面）。

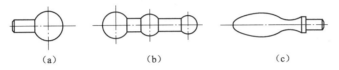

图6-3　成形面工件

（a）单球手柄；（b）三球手柄；（c）摇手柄

在车床上车削成形面时，应根据零件特点、数量多少及精度要求采用不同的加工方法，一般采用双手控制法、成形法或靠模仿形法等。如图6-4所示成形面工件，请选择合适的刀具进行加工。

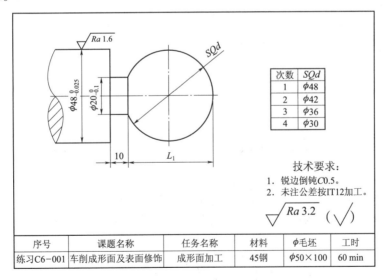

次数	SQd
1	$\phi48$
2	$\phi42$
3	$\phi36$
4	$\phi30$

技术要求：

1. 锐边倒钝$C0.5$。
2. 未注公差按IT12加工。

序号	课题名称	任务名称	材料	ϕ毛坯	工时
练习C6-001	车削成形面及表面修饰	成形面加工	45钢	$\phi50\times100$	60 min

图6-4　成形面工件

【任务分析】

该工件毛坯尺寸为$\phi50$ mm$\times100$ mm，需要加工的表面有球形面、外圆表面和沟槽，球形面分多次车削练习。其中最大外径为$\phi48_{-0.025}^{0}$ mm，球柄为$\phi20_{-0.1}^{0}$ mm沟槽。此件为单件生产，可以采用双手控制法手动进行加工（第一组尺寸为例）。由于圆球长度未标注数值，需要计算得出。加工时，应考虑选用合适的刀具和切削用量，正确完成工件的加工。

【相关知识】

一、成形面的车削方法

1. 双手控制法

双手控制法就是用左手控制中滑板手柄，右手控制小滑板手柄，使车刀运动为纵、横进给的合运动，从而车出成形面，如图6-5所示。

在实际生产中，因操作小滑板手柄不仅劳动强度大，而且还不易连续转动，不少工人常用控制床鞍纵向移动手柄和中滑板手柄来实现加工成形面的任务。

用双手控制法车削特形面，要分析曲面各点的斜率，然后根据斜率确定纵、横走刀速度的快慢，使双手摇动手柄的速度配合恰当。如车削图6-6所示的圆球手柄，车到 a 点时，中滑板横向进给速度（f_2）要快，床鞍进给速度（f_1）要慢。车到 b 点时，中滑板进给和床鞍进给速度基本相同。车至 b 点到 c 点时，中滑板进给速度（f_2）要慢，床鞍进给速度（f_1）要慢，这样就车出球面。根据上述斜率速度分析法也可加工摇手柄。

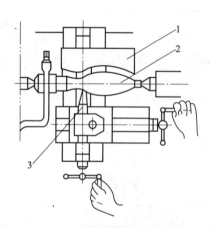

图6-5　双手控制法车削成形面

1—样板；2—工件；3—车刀

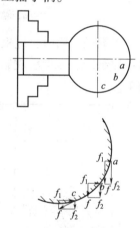

图6-6　车曲面时速度分析

双手控制法车特形面时，一般要选用圆头车刀，如图6-7所示，以免留下较深的刀痕，不利于保证精度和表面粗糙度。

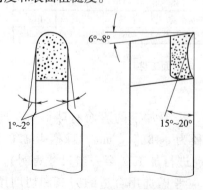

图6-7　圆头车刀几何角度

用双手控制法车削成形面，此方法灵活、方便，不需要其他辅助工具，可以在普通车床上利用通用夹具、普通刀具进行车削，是工厂在实际生产中常用的加工方法。但是其加工难度较大、生产效率低、表面质量差、精度低，所以只适用于精度要求不高、数量较少或单件生产的产品。

（1）单球手柄的车削：车削图 6-8 所示的单球手柄，应先车 D 和 d 外圆，并留有精车余量 0.3～0.5 mm，再车准长度 L，最后把圆球车成形。为了增加车球面时工件的刚性，手柄的后半部分最好车好球面后再进行精车。

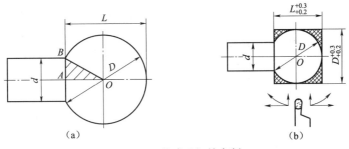

图 6-8　单球手柄的车削

（a）尺寸标注；（b）车削方法

长度 L 的计算公式为

$$L = \frac{1}{2} \left(D + \sqrt{D^2 - d^2} \right) \tag{6.1}$$

式中，L——圆球部分长度（mm）；

　　　D——圆球直径（mm）；

　　　d——手柄直径（mm）。

（2）摇手柄的车削：车削如图 6-9 所示的摇手柄时，应先把毛坯夹持在三爪自定心卡盘上，为增加车削时工件的刚性，伸出的长度应尽量短一些，如果工件本身较长，可采用一夹一顶的装夹方法，等工件车成形后再把中心孔部分车去。其具体车削步骤如图 6-9 所示。

2. 成形法

把切削刃形状刃磨成和工件成形面形状相似的车刀叫作成形刀（也称样板刀）。车削大圆角、内外圆弧槽、曲面狭窄而变化较大或数量较多的成形面工件时，常采用成形刀车削法，其加工精度主要靠刀具保证。由于切削时接触面较大，切削力也较大，容易出现振动和工件移位。因此，要求操作中切削速度应取小些，工件的装夹必须牢固。

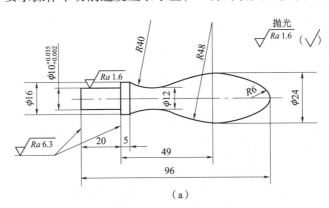

（a）

图 6-9　车摇手柄的方法

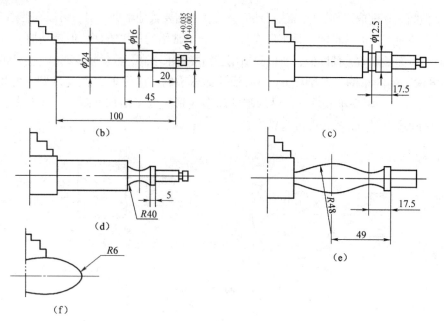

图 6－9　车摇手柄的方法（续）

（1）整体式普通成形刀。

这种成形刀与普通成形刀相似，只是切削刃磨成
和成形面表面相同的曲线状，如图 6 - 10 所示。若对
车削精度要求不高，切削刃可用手工刃磨；若对车削
精度要求高，切削刃应在工具磨床上刃磨。

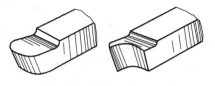

图 6－10　整体式普通成形刀

（2）棱形成形刀。

棱形成形刀由刀头和刀杆两部分组成，如图 6 - 11 所示。刀头的切削刃按工件形状在工
具磨床上磨出，后部的燕尾块装夹在弹性刀杆的燕尾槽内，并用螺钉紧固。

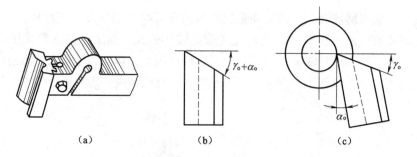

图 6－11　棱形成形刀
(a) 棱形成形刀组合体；(b) 装刀前；(c) 装刀后

棱形成形刀磨损后，只需刃磨前刀面，因刀杆上的燕尾槽是倾斜的，其角度为 α_0，所
以刃磨出的前角应为 $\gamma_0 + \alpha_0$，这样当棱形刀装上后，不仅有 α_0 大小的后角，而且又能保证
前角 γ_0 不变，如图 6 - 11 (b) 所示。

棱形车刀调整方便、精度较高、寿命长，但制造比较复杂，适用于数量较多、精度要求
较高的成形面车削。

（3）圆形成形刀。

圆形成形刀的刀头做成圆轮形，如图6-12所示。在圆轮上开有缺口，以形成前刀面和主切削刃。使用时，为减小振动，通常将刀头安装在弹性刀杆上。为防止圆形刀头转动，在侧面做出端面齿，使之与刀杆侧面的端面齿相啮合。

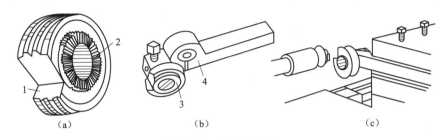

图6-12　圆形成形刀
1—前面；2—齿形；3—圆轮；4—弹簧刀杆

圆形成形刀的主切削刃低于圆轮中心时，可产生纵向后角，如图6-13所示。

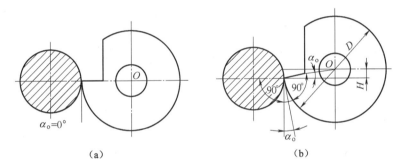

图6-13　圆形成形刀及其使用
（a）后角等于0°；（b）后角不等于0°

主切削刃低于中心的距离 H，可按下式计算：

$$H = \frac{D}{2} \cdot \sin\alpha_o \qquad (6.2)$$

式中，D——圆形成形刀直径（mm）；

α_o——成形刀的纵向后角，一般为6°~10°。

3．靠模仿形法

利用曲线靠模板和滚柱加工成形面的方法就是仿形法。仿形法加工质量好、劳动强度小、生产效率高，特别适合质量要求稳定、批量较大产品的生产。

下面介绍两种用仿形法车成形面的方法。

（1）靠板仿形法。

在车床上用靠板仿形法车成形面，实际上与靠模车圆锥面的方法相同，只需把锥度靠板换上一个带有曲面槽的靠模，并将滑块改为滚柱就行了。

如果没有现成的靠模车床，可将普通的车床进行改装，如图6-14所示。在床身的前面装上靠模槽支架5和靠模板4，滚柱3通过拉杆2与中滑板连接，并把中滑板丝杆抽去。当大滑板做纵向运动时，滚柱3沿着靠模板4的曲面槽移动，使车刀刀尖做相应的曲线运动，这样就车出了工件1的成形面。使用这种方法时，应将小滑板转过90°，以代替中滑板进

| 117

给。这种方法操作方便，生产效率高，形面正确，质量稳定，但只能加工成形表面变化不大的工件。

（2）尾座靠模仿形法。

如图6－15所示，尾座靠模仿形法就是把一个标准样件（即靠模板4）装在尾座套筒里，在刀架上装上一把长刀夹，刀夹上装有圆头车刀2和靠模杆5。车削时，用双手操纵中、小滑板（或使用大滑板自动进给），使靠模杆5始终贴在靠模板4上，并沿着靠模板4的表面移动。结果圆头车刀2就在工件1表面上车出与靠模4形状相同的成形面，如图6－15所示。

这种方法在一般车床上都能使用，但操作不太方便。

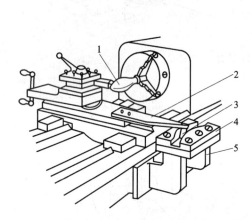

图6－14　靠模板仿形法
1—工件；2—拉杆；3—滚柱；
4—靠模板；5—支架

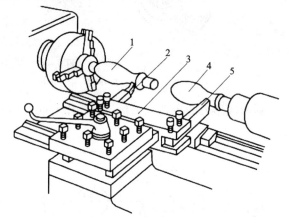

图6－15　尾座靠模仿形法
1—工件；2—圆头车刀；3—长刀夹；
4—标准样件；5—靠模杆

二、成形面的表面修光

当用双手控制法车削成形面时，由于手动进给不均匀，所以会在工件表面留下刀痕，修光的目的就是去除这些刀痕，降低表面粗糙度值，提高表面质量。通常采用锉刀修光和砂布抛光两种方法，如图6－16所示。

在修光之前要留有余量，余量大小由修光方式、工件尺寸以及表面粗糙度值等因素决定，一般留0.01～0.30 mm的修光余量。

1. 用锉刀修光

用锉刀修光时，应根据工件的形状选择锉刀的种类。最常用的修光锉刀是细齿和特细齿的板锉和半圆锉，一般留锉削余量为0.05～0.10 mm。为了保证安全，不要用无柄锉刀，而且木柄安装要牢固，并注意用左手握锉刀柄部，右手扶住锉刀前端，如图6－16（a）所示。

锉削时，压力和推锉速度要均匀适当，不可用力过猛，以免把工件锉出沟纹或锉成椭圆形或竹节形。

用锉刀修光工件时，车床转速要适宜，不能太高，否则容易磨钝锉齿，太低则容易把工件锉扁。

为了防止切屑滞塞在锉刀齿缝里面损伤工件表面，使用前最好在锉刀表面上涂上一层粉笔末，并经常用钢刷刷去齿缝中的切屑。修光时先用较粗的细锉修光，最后用油光锉进一步修光。

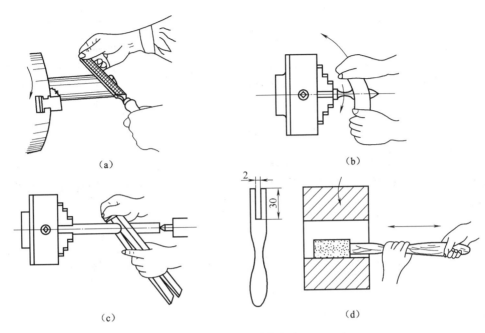

图 6 – 16 抛光方法

（a）在车床上锉削的姿势；（b）用砂布抛光工件；

（c）用抛光夹抛光工件；（d）用抛光棒抛光内孔工件

2．用砂布抛光

工件表面经过锉刀修光后，如果表面粗糙度仍未达到图纸要求，则可采用砂布抛光的方法进一步加工，以获得较小的表面粗糙度值。

车床上抛光用的砂布，一般是刚玉（氧化铝）类磨料制成的，常用型号有 00 号、0 号、1 号、1.5 号和 2 号。号数越小，颗粒越细，抛光出的工件表面粗糙度值越低。

抛光时，一般把砂布垫在锉刀下面进行，也可以用手直接捏住砂布抛光，如图 6 – 16（b）所示，但这样不安全。对于成批生产，为了安全，最好用抛光夹抛光，如图 6 – 16（c）所示。把砂布垫在木制夹板的两个凹圆弧内（圆弧直径略小于工件直径），用手捏紧进行抛光。用砂布抛光内孔时要选取尺寸小于孔径的木棒，一端开槽，将撕成条状的砂布一头插进槽内，以顺时针方向把砂布绕在木棒上，然后放进孔内进行抛光，如图 6 – 16（d）所示。

用砂布抛光时，车床转速应选得高一些，并使砂布在工件表面慢慢地均匀移动。最后精抛时，可在砂布上加少许机油，以降低工件表面的表面粗糙度值。

三、成形面的检测

1．用样板检验

成形面零件在车削过程中和车好以后，一般都以样板检验为主，如图 6 – 17 所示。检验时，必须使样板的检验基准与工件的被检验面基准一致。成形面是否符合要求，可以由样板与成形面之间的配合间隙大小来判断。

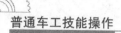
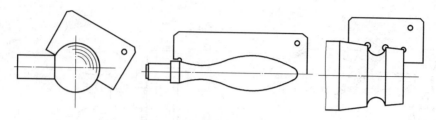

图 6－17　用样板检验成形面

2. 用外径千分尺测量圆球的圆度误差

在车削和检验圆球时，可用外径千分尺换几个方向来测量圆球的圆度误差，如图 6－18 所示。

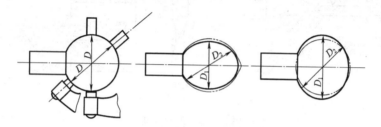

图 6－18　用外径千分尺测量圆球的圆度误差

【任务准备】

（1）设备：CA6140 型车床。

（2）备料：45 钢，$\phi 50$ mm×100 mm（每位学生一根）。

（3）刀具：90°外圆刀、45°外圆刀、切槽（断）刀、圆球车刀及垫刀片若干。

（4）量具：游标卡尺（0～150 mm）、外径千分尺（25～50 mm）、带表游标卡尺（0～150 mm，0.01 mm）、R 规、表面粗糙度比较样块、百分表及座。

（5）工具：油枪，100.0 mm×20.0 mm×0.2 mm 铜皮，上刀、上料扳手，铁钩子，一字螺丝刀。

（6）学生防护用品：工作服、工作帽、防护眼镜等。

【任务实施】

一、加工前的准备

（1）编制成形面工件的加工工艺，并填写工艺卡片，如表 6－1 所示。

（2）检查车床各部分机构是否完好，各手柄、开关功能是否有效，低速空车试运转。

（3）对导轨、尾座、丝杠和光杠、进给箱等部位加油润滑。

（4）采用三爪自定心卡盘装夹工件，要求夹紧力适当，工件伸出长度适宜。

（5）装夹 90°外圆车刀、45°外圆车刀、切槽刀、圆球车刀，刀尖对准工件中心，夹紧牢固。

二、加工成形面工件

按表 6 - 1 加工工艺卡片中的加工步骤加工工件。

表 6 - 1　加工工艺卡片

姓名：	加工工艺卡片	日期：
班级：		实训车间：机加工车间
工位号：		得分：

工件名称：成形面工件	图样编号：C6 - 001
毛坯材料：45 钢	毛坯尺寸：$\phi 50$ mm × 100 mm

序号	内容	a_p/mm	n/ (r·min^{-1})	f/ (mm·min^{-1})	工卡量具	备注
1	检查毛坯尺寸 $\phi 50$ mm × 100 mm 是否合格				游标卡尺	
2	装夹毛坯，车削装夹用外圆 $\phi 45$ mm × 20 mm	2	450	0.33	游标卡尺	
3	掉头装夹已车好的阶台 $\phi 45$ mm × 20 mm 处，夹紧牢固				三爪自定心卡盘	
4	车削端面		1 120	手动		
5	粗车外圆 $\phi 48^{0}_{-0.025}$ mm × 60 mm，外圆留精加工余量 0.5 mm，长度留 0.5 mm	2	450	0.33	游标卡尺	
6	粗车 $\phi 20^{0}_{-0.1}$ mm × 10 mm 沟槽		450	手动	游标卡尺	
7	精车 $\phi 20^{0}_{-0.1}$ mm × 10 mm 沟槽至尺寸合格		560		带表游标卡尺、外径千分尺	
8	精车外圆 $\phi 48^{0}_{-0.025}$ mm × 60 mm 至尺寸合格，控制表面粗糙度	0.15	1 120	0.08	游标卡尺、外径千分尺、表面粗糙度比较样块	
9	粗车 $SQ\phi 48$ mm 圆球		450	手动	游标卡尺、R 规	
10	精车 $SQ\phi 48$ mm 圆球		1 120	手动	游标卡尺、R 规	
11	倒钝，检查各尺寸，卸下工件		450	手动		
12	按图样各项技术要求进行自检、互检				游标卡尺、外径千分尺、带表游标卡尺、R 规、表面粗糙度比较样块	

【检查评议】

车削成形面工件评分标准如表6－2所示。

表6－2　车削成形面工件评分标准

班级：		姓名：		工位号：		任务：成形面工件加工	工时：		
项目	检测内容			分值	评分标准		自检	互检	得分
外圆	$\phi48^{~0}_{-0.025}$ mm，$Ra1.6$ μm			20/4	超差全扣，表面粗糙度降级全扣				
沟槽	$\phi20^{~0}_{-0.1}$ mm			8	超差全扣				
圆球	$SQ\phi48$ mm			40/4	超差全扣，表面粗糙度降级全扣				
长度	10 mm			5	超差全扣				
	L_1 （45.82 mm）			5	超差全扣				
倒钝	$C0.5$			4	超差全扣				
安全文明生产				10	视情况酌情扣分				
监考人：				检验员：			总分：		

任务二　表面修饰

【任务描述】

根据零件不同的用途和要求，要在车床上对工件进行研磨、抛光、滚花等修饰加工。

通过工艺理论知识的学习，了解花纹及滚花刀的种类，掌握外圆滚花前尺寸的计算；经过技能操作训练，掌握滚花刀的选择与安装，逐步掌握滚花的加工过程，完成外圆滚花的加工，如图6－19所示。

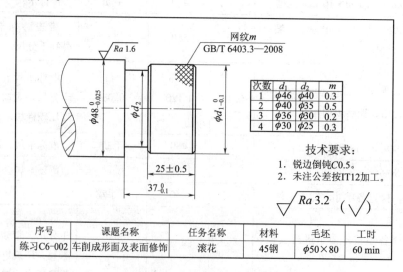

次数	d_1	d_2	m
1	$\phi46$	$\phi40$	0.3
2	$\phi40$	$\phi35$	0.5
3	$\phi36$	$\phi30$	0.2
4	$\phi30$	$\phi25$	0.3

技术要求：
1. 锐边倒钝$C0.5$。
2. 未注公差按IT12加工。

序号	课题名称	任务名称	材料	毛坯	工时
练习C6-002	车削成形面及表面修饰	滚花	45钢	$\phi50\times80$	60 min

图6－19　滚花的车削训练

【任务分析】

该工件毛坯尺寸为 $\phi 50\ mm \times 80\ mm$，需要加工的表面有滚花、外圆表面和沟槽，滚花分多次车削练习。以第一组尺寸为例，其中最大外径为 $\phi 48_{-0.025}^{0}\ mm$，滚花外圆直径为 $\phi 46\ mm$，沟槽为 $\phi 40\ mm$，此件为单件生产。加工时，应考虑选用合适的滚花刀和切削用量，正确完成工件的加工。

【相关知识】

一、滚花

有些工具和机器零件的捏手部分，为增加摩擦力或使零件表面美观，常常在零件表面上滚出不同的花纹，称为滚花。例如圆锥套规、外径千分尺的微分筒、铰刀扳手、各种滚花螺钉、螺母以及仪器的捏手等。花纹一般是在车床上用滚花刀滚压而成的。

1. 花纹的种类

花纹分为斜纹、直纹和网纹三种，如图 6-20 所示。除此之外还有粗纹和细纹之分。花纹粗细由节距（P）的大小表示。

（a）　　　　　　（b）　　　　　　（c）

图 6-20　花纹的种类

（a）斜纹；（b）直纹；（c）网纹

粗、细花纹一般根据工件直径和宽度的大小决定，如果直径和宽度大，则选择粗纹，反之选择细纹。根据 GB/T 6403.3—2008 的规定，花纹节距由模数决定（即 $P = \pi m$），模数大则花纹粗，反之则花纹细。花纹的结构形式与尺寸如表 6-3 所示。

表 6-3　花纹的结构形式与尺寸　　　　　　　　　　mm

模数（m）	节距（P）	h	r	备注
0.2	0.628	0.132	0.06	$P = \pi m$
0.3	0.942	0.198	0.09	
0.4	1.257	0.264	0.12	
0.5	1.571	0.326	0.16	

注：① 标记示例：模数 $m = 0.3$ 的直纹滚花标记为直纹 m 0.3（GB/T 6403.3—2008）；模数 $m = 0.4$ 的网纹滚花标记为网纹 m 0.4（GB/T 6403.3—2008）。

② 滚花前工件表面粗糙度 Ra 最大允许值为 12.5 μm。

③ 表中 $h = 0.785\ m$；$r = 0.41\ m$。

④ 滚花后工件直径大于滚花前直径，其值 $\Delta = (1.08 \sim 1.60)\ m$，$m$ 为模数，单位：mm。

2. 滚花刀的种类

滚花刀分单轮、双轮和六轮三种，如图 6-21 所示。

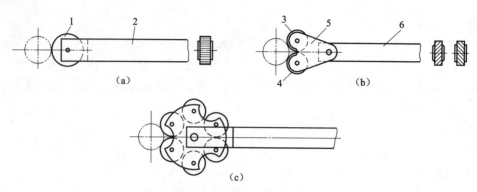

图 6 - 21　滚花刀的种类

（a）单轮滚花刀；（b）双轮滚花刀；（c）六轮滚花刀

1—直纹滚轮；2，6—刀柄；3，4—不同旋向的滚轮；5—浮动连接头

单轮滚花刀如图 6 - 21（a）所示是滚直纹用的；双轮滚花刀如图 6 - 21（b）所示是滚网纹用的，由一个左旋和右旋的滚花刀组成，六轮滚花刀如图 6 - 21（c）所示是把节距不同的网纹，分成三组双轮滚花刀，装在特制的刀杆上，粗、中、细花纹根据需要选用，可节省刀杆，使用方便。滚花刀直径一般选择 20 ~ 25 mm。

3．滚花的方法

滚花是用滚花刀来挤压工件，使其表面产生塑性变形而形成花纹，所以滚花时产生的径向挤压力是很大的。

（1）滚花前，根据工件材料的性质以及花纹的粗细，把滚花部分的直径车小（0.25 ~ 0.50）P。

（2）把滚花刀紧固在刀架上，使滚花刀的表面与工件平行接触，装夹滚花刀中心与工件中心等高，如图 6 - 22（a）所示；或把滚花刀装得略向左偏斜，使滚花刀与工件表面有一个很小的夹角（类似车刀的副偏角），如图 6 - 22（b）所示，这样比较容易压入。

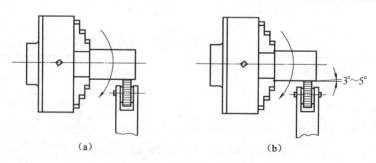

图 6 - 22　滚花刀的安装

（a）平行安装；（b）倾斜安装

（3）在滚花刀接触工件时，必须用较大的压力进刀，使工件挤出较深的花纹，否则易产生乱纹。这样来回滚压 1 ~ 2 次，直到花纹凸出为止。

（4）为了减小开始时的径向压力，可先把滚花刀表面宽度的 1/2 ~ 1/3 与工件表面相接触，如图 6 - 23 所示。

（5）在滚压过程中必须常加切削液和清除切屑，以免损坏滚花刀和防止滚花刀被切屑滞塞而影响花纹的清晰程度。

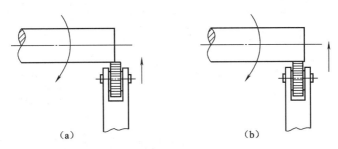

图 6 - 23　滚花刀的横向进给位置

（a）正确；（b）错误

4. 滚花的质量分析

滚花操作方法不当时，很容易产生乱纹，其原因和预防方法如表 6 - 4 所示。

表 6 - 4　滚花产生乱纹的原因和预防方法

废品种类	产生原因	预防方法
乱纹	工件外径周长不能被滚花节距（P）除尽	可把外圆略车小一些
	滚花开始时，吃刀压力太小或滚花刀与工件表面接触长度过长	开始滚压时就要使用较大压力，把滚花刀偏一个很小的角度
	滚花刀转动不灵活或滚花刀与刀杆小轴配合间隙过大	检查原因或调换小轴
乱纹	工件转速太高，滚花刀与工件表面产生滑动	降低车床转速
	滚花前没有清除滚花刀中的细屑或滚花刀齿部磨损	清除细屑或更换滚花轮

二、研磨

研磨是利用附着或压嵌在研具表面的磨粒，借助于与工件在一定压力下的相对运动，从工件表面切下极细微的切屑，以求得到精密表面的加工方法。研磨可以改善工件的形状误差，获得很高的精度，研磨精度可以达到 IT7 ~ IT6，同时还可以得到极小的表面粗糙度值，可以达到 Ra 0.200 ~ Ra 0.006 μm。

按研磨剂成分不同可以分为机械研磨和化学研磨；按使用研具不同又可以分为单件研磨和偶件研磨；按使用研磨剂的状态还可以分为湿研和干研。在车床上常用手工研磨和机动研磨相结合的方法对工件的内、外圆表面进行研磨。

1. 研磨外圆

研磨轴类工件的外圆时，可用研套，如图 6 - 24 所示。

研套由内、外两层组成。内层为套筒 2，

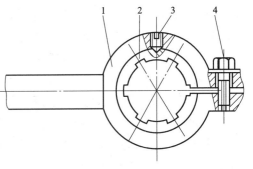

图 6 - 24　研套

1—钢制夹箍；2—套筒；3—止动螺钉；4—螺栓

125

普通车工技能操作

通常用铸铁做成，其内径按被研外圆尺寸配制，内表面还开着几条轴向槽，用以储存研磨剂。研套外层为钢制夹箍1，紧包在套筒外。在同一方向上，内、外层均开有轴向切口，通过螺栓4调节研磨间隙。

套筒2和工件外圆之间的径向间隙不宜过大，否则会影响研磨精度（其间隙为0.01～0.03 mm），工件尺寸小，间隙也小。过小的间隙，磨料不易进入研磨区域，效果差。止动螺钉3可防止套筒在研磨时发生转动。

研磨时，将研具套在工件上，手持研具沿低速旋转的工件做均匀、缓慢的轴向移动，并经常添加研磨剂，直到尺寸和表面粗糙度均达到要求为止。

2. 研磨内孔

研磨内孔可用研棒，如图6-25所示。

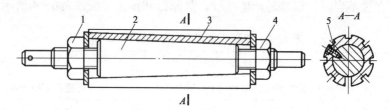

图 6 – 25　研棒

1，4—转动螺母；2—锥形心轴；3—锥孔套；5—销钉

研棒由锥形心轴2和锥孔套3相配合。套筒表面均布几道轴向槽，且有一轴向切口。套筒外径尺寸按工件内孔配制，其间隙不宜过大。转动螺母1、4可调节心轴与套筒的轴向相对位置，进而达到调节套筒外径的目的。销钉5可防止心轴与套筒的相对运动。

研磨时，将研棒装夹在三爪自定心卡盘和顶尖上做低速转动，工件套在研棒上并在套筒表面涂研磨剂，以手或夹具使工件沿研棒轴线均匀地往复移动，直至内孔达到要求。

3. 研磨工具的材料

研具材料应比工件材质软，且组织要均匀，最好有微小的针孔，以使研磨剂嵌入研具工作表面，提高研磨质量。

研具材料本身又要求有较好的耐磨性，以使研具尺寸、形状稳定，进而保证研磨后工作的尺寸和几何形状精度。常用的几种材料有：

（1）灰铸铁：灰铸铁是较理想、最常用的研具材料，适合于研磨各种淬火钢工件。

（2）铸造铝合金：一般用于研磨铜料等工件。

（3）硬木材：用于研磨软金属。

（4）轴承合金（巴氏合金）：常用于软金属的精研磨。

4. 研磨剂

研磨剂由磨料、研磨液及辅助材料混合而成。

（1）磨料：一般有以下几种：

① 金刚石粉末（即结晶碳C）：是目前世界上最硬的材料，颗粒极细、切削性能好，但价格昂贵，适于研磨硬质合金刀具或工具。

② 碳化硼（B_4C）：其硬度仅次于金刚石，价格也昂贵，适于硬度较高的工具钢和硬质合金材料的精研磨或抛光。

③ 氧化铬（Cr_2O_3）和氧化铁（Fe_2O_3）：颗粒极细，适于表面粗糙度 Ra 值要求极小的表面最后抛光。

④ 碳化硅（SiC）；有绿色和黑色两种。

绿色碳化硅用于研磨硬质合金、陶瓷、玻璃等材料。

黑色碳化硅用于研磨脆性或软材料，如铸铁、铜、铝等。

⑤ 氧化铝（Al_2O_3）：有人造和天然两种，硬度很高，但比碳化硅低。由于制造成本低，故被广泛用于研磨一般碳钢和合金钢。常用的是氧化铝和碳化硅两种微粉磨料。

（2）研磨液：光有磨料不能进行研磨，还必须加配研磨液和辅助材料。常用的研磨液为 10 号机油、煤油和锭子油。加配研磨液是为了使微粉能均匀地分布在研具表面，同时还可起冷却和润滑作用。

（3）辅助材料：加配辅助材料的目的是使工件表面形成氧化薄膜，以加速研磨过程，所以辅助材料必须采用黏度大和氧化作用强的物质，混合脂则能满足此要求。常用的混合脂有硬脂酸、油酸、脂肪酸和工业甘油等。

为了方便，一般工厂都在微粉中加入油酸、混合脂（或黄油、凡士林）以及少量煤油配制成研磨膏。

5．研磨前对工件的要求

（1）工件表面粗糙度必须达到 $Ra1.6 \sim Ra0.8$ μm。

（2）工件的几何形状误差不得超过 0.02 mm。

（3）工件应留 0.005 ～ 0.300 mm 的研磨余量。

（4）工件被研表面最好淬硬。因被研表面硬度越高，越不易出现划痕，越有利于减小被研表面的表面粗糙度值。

6．研磨速度

被研工件做低速转动，如被研工件尺寸小，则转速应稍高些。研磨工具相对工件做轴向移动时，其线速度以 $v = 10 \sim 15$ m/min 为宜，此时不致产生太大的摩擦热和切削热。

由于在车床上研磨工件生产效率低，故仅适合单件或小批量生产。

【任务准备】

（1）设备：CA6140 型车床。

（2）备料：45 钢，ϕ50 mm × 80 mm（每位学生一根）。

（3）刀具：90°外圆刀、45°外圆刀、切槽（断）刀、滚花刀（$m = 0.3$）、B2.5 中心钻及垫刀片若干。

（4）量具：游标卡尺（0 ～ 150 mm）、外径千分尺（25 ～ 50 mm）、带表游标卡尺（0 ～ 150 mm，0.01 mm）、数显深度游标卡尺（0 ～ 150 mm，0.01 mm）、表面粗糙度比较样块、百分表及座。

（5）工具：油枪，100.0 mm × 20.0 mm × 0.2 mm 铜皮、上刀、上料扳手，铁钩子，钻夹头，活顶尖，一字螺丝刀。

（6）学生防护用品：工作服、工作帽、防护眼镜等。

【任务实施】

一、加工前的准备

（1）编制滚花工件的加工工艺，并填写工艺卡片，如表 6-5 所示。

（2）检查车床各部分机构是否完好，各手柄、开关功能是否有效，低速空车试运转。

（3）对导轨、尾座、丝杠和光杠、进给箱等部位加油润滑。

（4）采用三爪自定心卡盘装夹工件，要求夹紧力适当，工件伸出长度适宜。

（5）装夹 90° 外圆车刀、45° 外圆车刀、切槽刀、滚花刀，刀尖对准工件中心，夹紧牢固。

二、加工滚花工件

按表 6-5 加工工艺卡片中的加工步骤加工工件。

表 6-5 加工工艺卡片

姓名：		加工工艺卡片			日期：	
班级：					实训车间：机加工车间	
工位号：					得分：	
工件名称：滚花工件				图样编号：C6-002		
毛坯材料：45 钢				毛坯尺寸：$\phi50$ mm × 80 mm		
序号	内容	a_p /mm	$n/$ (r·min^{-1})	$f/$ (mm·min^{-1})	工卡量具	备注
1	检查毛坯尺寸 $\phi50$ mm × 80 mm 是否合格				游标卡尺	
2	装夹毛坯，车削装夹用外圆 $\phi45$ mm × 20 mm	2	450	0.33	游标卡尺	
3	掉头装夹已车好的阶台 $\phi45$ mm × 20 mm 处，夹紧牢固				三爪自定心卡盘	
4	车削端面，钻中心孔，用顶尖支撑		1 120	手动		
5	粗车外圆 $\phi48_{-0.025}^{0}$ mm × 50 mm、$\phi46$ mm × 37 mm，外圆留精加工余量 0.5 mm，长度留 0.3 mm	2	450	0.33	游标卡尺	
6	粗车 $\phi40$ mm × 12 mm 退刀槽		450	手动	游标卡尺	
7	精车 $\phi46$ mm × 25 mm 外圆至尺寸合格	0.15	1 120	0.08	游标卡尺、外径千分尺	

序号	内容	a_P /mm	n/ (r·min^{-1})	f/ (mm·min^{-1})	工卡量具	备注
8	滚花 m 0.3		100	0.33	游标卡尺	
9	精车外圆 $\phi 48_{-0.025}^{0}$ mm × 50 mm 至尺寸合格	0.15	1 120	0.08	游标卡尺、外径千分尺	
10	精车 $\phi 40$ mm × 12 mm 退刀槽至尺寸合格		560	手动	游标卡尺、带表游标卡尺、数显深度游标卡尺	
11	倒角 C1，倒钝，检查各尺寸		450	手动		
12	卸下工件			手动		
13	按图样各项技术要求进行自检、互检				游标卡尺、外径千分尺、数显深度游标卡尺、表面粗糙度比较样块	

【检查评议】

车削滚花工件评分标准如表 6-6 所示。

表 6-6 车削成形面工件评分标准

班级：		姓名：		工位号：	任务：成形面工件		工时：	
项目	检测内容		分值	评分标准	自检	互检	得分	
外圆	$\phi 48_{-0.025}^{0}$ mm，Ra1.6 μm		16/4	超差全扣，表面粗糙度降级全扣				
沟槽	$\phi 40$ mm		6	超差全扣				
滚花	$\phi 46_{-0.1}^{0}$ mm		6	超差全扣				
	m 0.3		30	不符合无分				
长度	$37_{-0.1}^{0}$ mm		10	超差全扣				
	25 mm ± 0.05 mm		10	超差全扣				
倒角	C1（2 处）		6	超差全扣				
	C0.5		2	超差全扣				
安全文明生产			10	视情况酌情扣分				
监考人：			检验员：			总分：		

课题七　车削内外三角形螺纹

课题简介：

通过工艺理论知识的学习，了解螺纹的种类与各部分的名称，学会三角形螺纹的尺寸计算和车刀的刃磨与安装，掌握三角形螺纹的车削过程和检测方法。经过技能操作训练，逐步掌握三角形螺纹的车削方法及中途对刀的方法，完成三角形螺纹的车削，如图7-1所示。

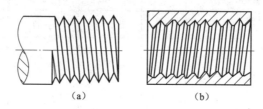

（a）　　　　　　（b）

图7-1　三角形螺纹

（a）外螺纹；（b）内螺纹

知识目标：

（1）了解三角形螺纹的作用、种类、标记和牙型。

（2）了解三角形螺纹各部分的名称、代号、计算公式及基本尺寸的确定方法。

（3）了解三角形螺纹的技术要求。

（4）了解三角形螺纹车刀的几何形状和角度要求。

（5）学会确定三角形螺纹的参数。

技能目标：

（1）学会刃磨三角形螺纹车刀。

（2）掌握三角形螺纹的车削方法。

（3）掌握三角形螺纹的测量和检查方法。

任务一　外三角形螺纹加工

【任务描述】

三角形螺纹具有螺距小、螺纹长度较短、自锁性好的特点。车削是三角形螺纹的常用加工方法之一，车削三角形螺纹的基本要求是：中径尺寸应符合相应的精度要求；牙型角必须准确，两牙型半角应相等；牙型两侧面的表面粗糙度值要小；螺纹轴线与工件轴线应保持同轴。车削的三角形外螺纹，工艺结构上一般都有退刀槽，以方便螺纹车削时车刀的顺利退出和保证在螺纹的全长范围内牙型的完整。有的三角形外螺纹，在结构上无退刀槽，螺纹末端有不完整的螺尾部分。

如图 7-2 所示的螺纹轴，请选择合适的螺纹车刀进行加工。

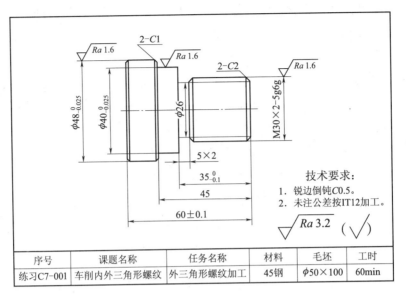

序号	课题名称	任务名称	材料	毛坯	工时
练习C7-001	车削内外三角形螺纹	外三角形螺纹加工	45钢	$\phi50\times100$	60min

图 7-2　外三角形螺纹的车削训练

【任务分析】

车削螺纹时，要根据螺纹的尺寸选择合适的螺纹车刀，并磨出正确的螺纹角度。另外还要选择正确的螺纹车削方法。本任务中螺纹轴适宜选择低速车削法。

【相关知识】

一、螺纹概述

1. 螺纹的车削原理

螺纹的形成是指螺纹牙型的形成，实际加工时，是从圆柱形毛坯上切出螺纹的齿沟来获得螺纹牙型，如图 7-3 所示。

2. 螺旋线的形成

螺旋线可以看成是直角三角形 ABC 围绕圆柱体旋转一周后，斜边 AC 在圆柱表面上形成的曲线，如图 7-4 所示。

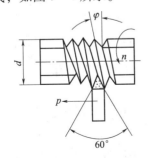

图 7-3　螺纹的车削原理

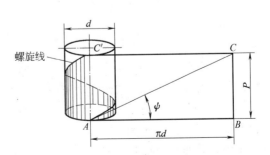

图 7-4　螺旋线形成原理

3. 螺纹的分类

螺纹的种类很多，按用途不同可分为连接螺纹和传动螺纹；按牙型特点可分为三角形螺纹、锯齿形螺纹、矩形螺纹和梯形螺纹等，如图 7-5 所示；按螺旋线方向可分为右旋螺纹和左旋螺纹；按螺旋线的多少又可分为单线螺纹和多线螺纹。

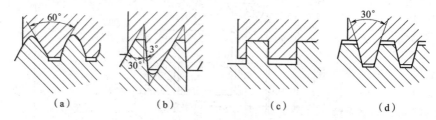

图 7-5 螺纹的牙型

（a）三角形螺纹；（b）锯齿形螺纹；（c）矩形螺纹；（d）梯形螺纹

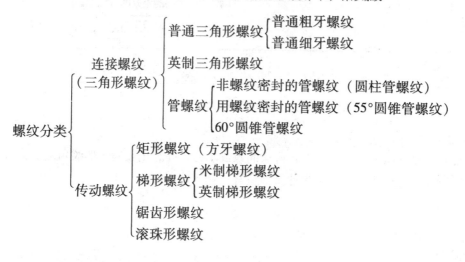

二、普通三角形螺纹的主要参数

1. 螺纹牙型及牙型角

在通过螺纹轴线的断面图上，螺纹的轮廓形状称为螺纹牙型。它由牙顶、牙底和两牙侧构成。常见的螺纹牙型有三角形、梯形、锯齿形和矩形等多种。

牙型角（α）：在通过螺纹轴线的剖面上，相邻两牙侧间的夹角称为牙型角。大多数螺纹的牙型角对称于轴线垂直线，即牙型半角（$\alpha/2$）相等。

2. 螺纹直径

螺纹的直径分为大径、小径和中径，如图 7-6 所示。

（1）大径：与外螺纹的牙顶或内螺纹牙底相重合的假想圆柱面的直径称为大径。大径即为公称直径。内、外螺纹的大径分别用 D、d 表示。

（2）小径：与外螺纹牙底或内螺纹牙顶相重合的假想圆柱的直径称为螺纹小径。内、外螺纹的小径分别用 D_1、d_1 表示。

（3）中径：它是一个假想圆柱的直径，即在大径和小径之间，其母线通过牙型上的沟槽和凸起宽度相等的假想圆柱面的直径称为中径。内、外螺纹的中径分别用 D_2、d_2 表示。

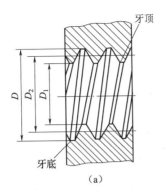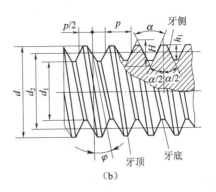

图 7-6 三角形螺纹各部分要素

(a) 内螺纹；(b) 外螺纹

3. 螺纹的线数（n）

螺纹的线数是指形成螺纹时螺旋线的条数。

螺纹有单线和多线之分。沿一条螺旋线形成的螺纹叫作单线螺纹；沿两条或两条以上在轴向等距分布的螺旋线所形成的螺纹叫作多线螺纹。

4. 螺纹的导程（P_h）与螺距（P）

（1）螺距。螺距是指螺纹上相邻两牙在中径线上对应两点之间的轴向距离，用 P 表示。由于 P 在中径线上不好测出，实际工作中，测量螺纹时往往在螺纹大径的牙顶处进行。在普通螺纹中，螺纹大径相同时，按螺距的大小分出粗牙螺纹和细牙螺纹，细牙普通螺纹的螺距比粗牙普通螺纹的螺距要小。在标注时，粗牙普通螺纹不标注出螺距，若在公称直径的后面标注出螺距，则表示是细牙普通螺纹。示例如下：

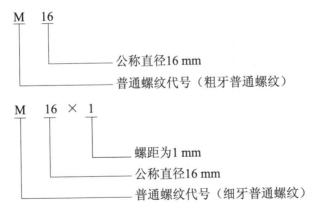

（2）导程。导程是指同一条螺纹上相邻两牙在中径线上对应两点之间的轴向距离，用 P_h 表示。

单线螺纹：$P = P_h$。

多线螺纹：$P = P_h/n$（$n \geq 2$），$n = 2$ 时，称为双线螺纹。

5. 螺纹的旋向

螺纹有右旋和左旋之分，顺时针旋转时旋入的螺纹为右旋螺纹，其螺纹特征是左低右高；逆时针旋转时旋入的螺纹为左旋螺纹，其螺纹特征是左高右低。实际中的螺纹绝大部分为右旋。

6. 原始三角形高度（H）

牙型两侧相交而得的尖角的高度即为原始三角形高度。

7. 牙型高度（h）

在螺纹牙型上，牙顶到牙底之间，垂直于螺纹轴线的距离即为牙型高度。

8. 螺纹升角（ψ）

在中径圆柱上，螺旋线的切线与垂直于螺纹轴线的平面之间的夹角即为螺纹升角。

三、普通三角形螺纹的尺寸计算

普通三角形螺纹牙型如图7-7所示，普通三角形螺纹主要参数的尺寸计算如表7-1所示。

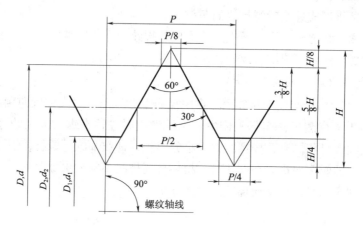

图7-7　普通三角形螺纹牙型

表7-1　普通三角形螺纹的尺寸计算

	名称	代号	计算公式
外螺纹	牙型角	α	$\alpha = 60°$
	原始三角形高度	H	$H = 0.866P$
	牙型高度	h	$h = \frac{5}{8}H = \frac{5}{8} \times 0.866P = 0.5413P$
	中径	d_2	$d_2 = d - 2 \times \frac{3}{8}H = d - 0.6495P$
	小径	d_1	$d_1 = d - 2h = d - 1.0825P$
内螺纹	中径	D_2	$D_2 = d_2$
	小径	D_1	$D_1 = d_1$
	大径	D	$D = d =$ 公称直径
	螺纹升角	ψ	$\tan\psi = \frac{nP}{\pi d_2}$

四、螺纹车刀的刃磨和装夹

螺纹车刀属于成形刀具，要保证螺纹牙型精度，必须正确刃磨和安装车刀。同时车削螺纹时，刀刃受到的切削力大、温度高，这些都对螺纹车刀提出了新的要求。对螺纹车刀的要求主要有以下几点：

（1）车刀的刀尖角一定要等于螺纹的牙型角。

（2）精车时车刀的纵向前角应等于零度；粗车时允许有5°～15°的纵向前角。

（3）因受螺纹升角的影响，车刀两侧面的静止后角应刃磨得不相等，进给方向后面的后角较大，一般应保证两侧面均有3°～5°的工作后角。

（4）车刀两侧刃的直线性要好。

图7－8所示为几种典型螺纹车刀。

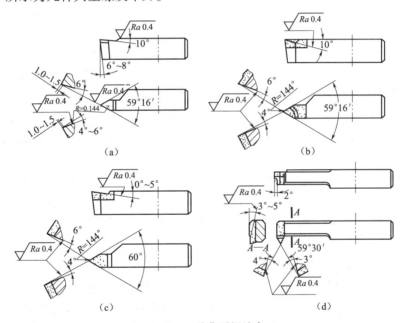

图7－8　几种典型螺纹车刀

（a）高速钢螺纹车刀；（b）硬质合金粗车刀；（c）硬质合金精车刀；（d）硬质合金内螺纹车刀

三角螺纹车刀从材料上分有高速钢螺纹车刀和硬质合金螺纹车刀两种。

1. 高速钢螺纹车刀

高速钢螺纹车刀刃磨比较方便，容易得到锋利的刀刃，而且韧性较好，车出的螺纹面表面粗糙度值小。它的缺点是耐热性差，不宜高速车削。因此，常被用在低速切削或作为塑性材料（钢件）螺纹精车刀。高速钢螺纹车刀的几何形状如图7－9所示。

高速钢三角形螺纹车刀的刀尖角一定要等于牙型角，当车刀的纵向前角$\gamma_0 = 0°$时，车刀两侧刃之间夹角等于牙型角；若纵向前角不为0°，车刀两侧刃不通过工件轴线，车出螺纹的牙型不是直线，而是曲线。当车削精度要求较高的三角形螺纹时，一定要考虑纵向前角对牙型精度的影响。为车削顺利，纵向前角常选为5°～15°，这时车刀两侧刃的夹角不能等于牙型角，而应当比牙型角小30′～1°30′。

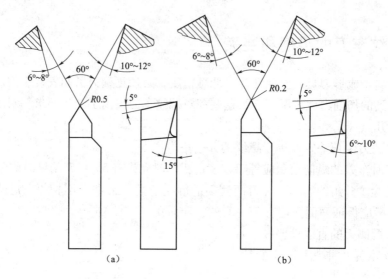

图 7 – 9 高速钢三角形外螺纹车刀

(a) 粗车刀；(b) 精车刀

应当注意，纵向前角不能选得过大，若纵向前角过大，不仅会影响牙型精度，而且还容易引起扎刀现象。

车螺纹时，由于螺纹升角的影响，造成切削平面和基面的位置变化，从而使车刀工作时的前角和后角与车刀静止时的前角和后角不相等。螺纹升角越大，对工作时的前角和后角的影响越明显。

当车刀的静止前角为零度时，螺纹升角能使进给方向一侧刀刃的前角变为正值，而使另一侧前角变为负值，使切削不顺利，排屑也困难。为改善切削条件，应采用垂直装刀的方法，即让车刀两侧刃组成的平面和螺旋线方向垂直，使两侧刃的工作前角均为零度；或在车刀前刀面上沿两侧切削刃方向磨出较大前角的卷屑槽。

螺纹升角能使车刀沿进给方向的工作后角变小，而使另一面的工作后角增大，为使切削顺利，保证车刀强度，车刀刃磨时一定要考虑螺纹升角的影响，把进给方向一面的后角磨成工作后角加上螺纹升角，即（3°~5°）+ψ；另一面的后角磨成工作后角减去一个螺纹升角，即（3°~5°）−ψ。

2. 硬质合金螺纹车刀

硬质合金螺纹车刀的硬度高、耐磨性好、耐高温，但抗冲击能力差。车削硬度较高的工件时，为增加刀刃强度，应在车刀两切削刃上磨出宽度为 0.2~0.4 mm 的负倒棱。高速车削螺纹时，因挤压力较大会使牙型角增大，所以车刀的刀尖角应磨成 59°30′。硬质合金车刀的几何形状如图 7 – 10 所示。

3. 三角形螺纹车刀的刃磨和装夹

（1）三角形螺纹车刀的刃磨方法：

① 粗磨前刀面：磨高速钢车刀时，选用氧化铝粗粒度砂轮刃磨后刀面和前刀面。

② 刃磨后刀面：先磨左侧后刀面，刃磨时双手握刀，使刀柄与砂轮外圆水平方向成30°、垂直方向倾斜8°~10°，如图 7 – 11（a）所示，车刀与砂轮接触后稍加压力，并均匀慢慢移动磨出后刀面。

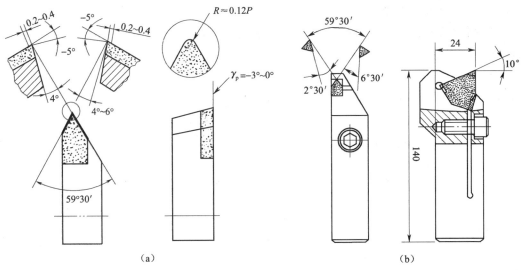

图 7 – 10　硬质合金外三角螺纹车刀

（a）焊接式；（b）机械加固式

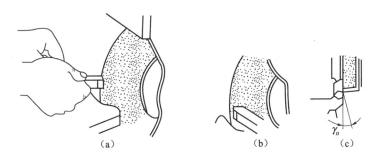

图 7 – 11　刃磨外三角形螺纹车刀

（a）刃磨左侧后刀面；（b）刃磨右侧后刀面；（c）刃磨前刀面

　　右侧后刀面刃磨方法与左侧面相同，如图 7 – 11（b）所示。粗磨后刀面后，也应用螺纹样板透光检查刀尖角 60°，如图 7 – 12 所示。

　　③ 刃磨前刀面：将车刀前刀面与砂轮平面水平方向倾斜 10°～15°，同时垂直方向微量倾斜，使左侧切削刃略低于右侧切削刃，如图 7 – 11（c）所示。

　　精磨选用 80 粒度砂轮。

　　④ 精磨后刀面方法与粗磨相同。为了保证刀尖角的正确，刃磨时可用样板测量角度。检查刀尖角时，螺纹样板应水平放置，做透光检查，如图7 – 12 所示。

　　⑤ 刃磨刀尖圆弧：车刀刀尖对准砂轮外圆，后角保持不变，刀尖移向砂轮，当刀尖处碰到砂轮时，做圆弧形摆动，磨出刀尖圆弧。圆弧 R 应小于 $P/8$。如 R 太大使车削的三角形螺纹底径太宽，造成螺纹环规通端旋不进，而止规旋进，使螺纹不合格。

　　⑥ 用油石研磨前、后刀面主要是修光和去毛刺。

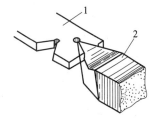

图 7 – 12　用螺纹样板检查刀尖角

1—样板；2—螺纹车刀

（2）刃磨时应注意的问题：

① 磨外螺纹车刀时，刀尖角平分线应平行刀体中线；磨内螺纹车刀时，刀尖角平分线应垂直于刀杆中线。

② 车削高阶台的螺纹车刀，靠近阶台一侧的刀刃应短些，以防碰撞轴肩，如图7-13所示。

③刃磨时要用车刀样板检查。

④刃磨刀刃时，要稍带做左右、上下的移动，以使刀刃平直。

（3）正确安装螺纹车刀。

螺纹车刀的安装正确与否，对螺纹牙型角及表面质量有直接影响。

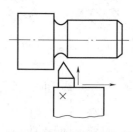

图7-13　车削高阶台的
螺纹车刀

①车刀刀尖对准工件中心。

在通常情况下，螺纹车刀刀尖应对准工件中心，不得偏高或偏低。因为刀尖低于工件中心时，容易产生"扎刀""啃刀"和由于振动而引起的波纹；而刀尖高于工件中心时，切削力会增大，工件表面粗糙度会下降。此外，车刀安装得偏高或偏低，都会产生螺纹牙型角误差。

②装刀不得左、右偏斜，以避免产生螺纹半角误差，如图7-14所示。

保证刀尖轴线与工件轴线垂直，装刀时可以使用样板辅助对刀，如图7-15所示。

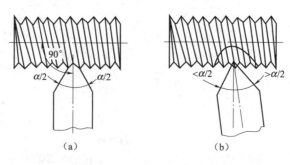

(a)　　　　　　　　　　　(b)

图7-14　螺纹车刀的正确安装

（a）牙型半角相等；（b）牙型半角不相等

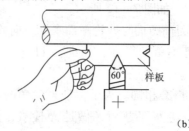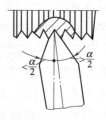

(a)　　　　　　　　　　　　　　　　　　　(b)

图7-15　用样板对刀

（a）用对刀样板装刀；（b）车刀装歪造成牙型歪斜

③某些情况车刀刀尖可略高于工件中心，如高速车削螺纹时，车刀和工件都承受很大的切削力而产生一定的弹性变形，为了补偿这一偏差，在安装车刀时，车刀刀尖应适当高于零件中心，一般高出0.1~0.3 mm。如果采用弹簧刀杆安装车刀，精车大螺距螺纹时，为了补偿刀杆的弹性变形，车刀刀尖应适当高于工件中心0.2 mm。

④ 螺纹车刀不宜伸出刀架过长，一般以伸出长度为刀柄厚度的1.5倍为宜，为25~30 mm。

五、三角形螺纹的车削方法

三角形螺纹的车削方法有两种：即低速车削与高速车削。用高速钢车刀低速车削三角形螺纹，能获得较高的螺纹精度和较低的表面粗糙度值，但这种车削方法生产效率较低，成批车削时不宜采用，适用于单件或特殊规格的螺纹。用硬质合金车刀高速车削螺纹，生产效率较高，螺纹表面粗糙度值也较小，是目前在机械制造业中被广泛采用的方法。

1. 低速车削三角形螺纹

低速车削三角形螺纹一般用高速钢车刀，分粗车与精车。粗车时切削速度可选择 10 ~ 15 m/min，精车时切削速度可选择 5 ~ 10 m/min。

车削三角形螺纹的进给方法有三种，应根据工件的材料、螺纹外径的大小及螺距的大小来决定，下面分别介绍三种进给方法。

（1）直进法。

用直进法车削，如图 7 – 16 所示。车螺纹时，螺纹车刀刀尖及左右两侧刃都直接参加切削工作。每次进给由中滑板做横向进给，随着螺纹深度的加深，背吃刀量相应减少，直至把螺纹车削好为止。这种车削方式操作较简便，车出的螺纹牙型正确，但由于车刀的两侧刃同时参加切削，排屑较困难，刀尖容易磨损，螺纹表面粗糙度值较大，当背吃刀量较深时容易产生"扎刀"现象。因此，这种车削方法适用于螺距小于 2 mm 或脆性材料的螺纹车削。

（2）左右切削法。

左右切削法，如图 7 – 17 所示。车螺纹时，除了用中滑板刻度控制螺纹车刀的横向进给外，同时使用小滑板刻度使车刀左右微量进给。采用左右切削法车削螺纹时，要合理分配切削余量，粗车时可顺着进给方向偏移，一般每边留精车余量 0.2 ~ 0.3 mm。精车时，为了使螺纹两侧面都比较光洁，当一侧面车光以后，再将车刀偏移到另一侧面车削。粗车时切削速度取 10 ~ 15 m/min，精车时切削速度小于 6 m/min，背吃刀量小于 0.05 mm。

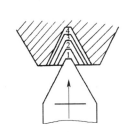

图 7 – 16　直进法车削三角形螺纹

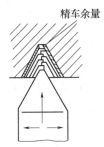

精车余量

图 7 – 17　左右切削法车削三角形螺纹

这种车削法操作比直进法复杂，但切削时只有车刀刀尖及一条刃参加切削，排屑较顺利，刀尖受力、受热有所改善，不易扎刀，相应地可提高切削用量，能取得较小的表面粗糙度值。由于受单侧进给力的影响，故有增大牙型误差的趋势。适用于粗、精车除矩形螺纹外的各种螺纹，有利于加大切削用量、提高切削效率。

（3）斜进法。

斜进法车削三角形螺纹与左右切削法相比，小滑板只向一个方向进给，如图 7 – 18 所示。

斜进法操作比较方便，但由于背离小滑板进给方向的牙侧面粗糙度值较大，因此只适用于粗车螺纹。在精车时，必须用左右切削法才能使螺纹的两侧面都获得较小的表面粗糙度值。

采用高速钢车刀低速车螺纹时要加注切削液，为防止"扎刀"现象，最好采用如图7-19所示的弹性刀柄。这种刀柄当切削力超过一定值时，车刀能自动让开，使切屑保持适当的厚度，粗车时可避免"扎刀"现象，精车时可降低螺纹表面粗糙度值。

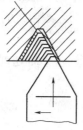
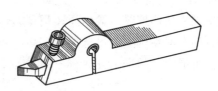

图7-18　斜进法车削三角形螺纹　　　　图7-19　弹性刀柄螺纹车刀

2. 高速车削三角形螺纹

高速车削三角形螺纹使用的车刀为硬质合金车刀，切削速度一般取 50~70 m/min，车削时只能用直进法进给，使切屑垂直于轴线方向排出。用硬质合金车刀高速车削螺纹时，背吃刀量开始可大些，以后逐渐减小，车削到最后一次时，背吃刀量不能太小（一般在 0.15~0.25 mm），否则会使螺纹两侧面表面粗糙度值较大，成鱼鳞片状，严重时还会产生振动。

高速车削三角形螺纹螺距一般在 1.5~3.0 mm，车一次螺纹只需进给 3~5 次就可以车削完毕，既能保证螺纹的质量，又能大大提高劳动生产率，是目前机械加工中广泛被采用的方法。

例：螺距 =2 mm，背吃刀量 =0.65× 螺距 =1.3 mm。在切削时，背吃刀量如何分配，如图7-20所示。

第一次进给 $a_{p1}=0.55$ mm

第二次进给 $a_{p2}=0.35$ mm

第三次进给 $a_{p3}=0.25$ mm

第四次进给 $a_{p4}=0.15$ mm

用硬质合金车刀高速车削三角形螺纹时一般不分粗、精车刀，而是用一把车刀一次将螺纹车出。

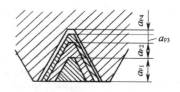

图7-20　背吃刀量分配情况

六、三角形外螺纹的测量

车削螺纹时，应根据不同的质量要求和生产批量的大小，相应地选择不同的检测方法。常用的检测方法有单项测量法和综合测量法。

1. 单项测量

（1）大径。

螺纹的大径公差较大，可以用游标卡尺或螺纹千分尺测量。

（2）螺距和牙型。

① 用螺纹车刀在工件外圆上车出一条很浅的螺旋线痕，用钢直尺（如图 7 - 21（a）所示）、游标卡尺或螺距规（如图 7 - 21（b）所示）测量螺距。

② 车削后螺距和牙型的检测，如图 7 - 21（c）所示。

（a）　　　　　（b）　　　　　　　　　　　（c）

图 7 - 21　螺距和牙型的检测

（3）中径。

① 用螺纹千分尺测量，如图 7 - 22 所示。螺纹千分尺的读数原理与外径千分尺相同，螺纹千分尺有适用于不同牙型角和不同螺距的测量头，可根据测量的需要选用。更换测量头后，必须调整砧座的位置，使螺纹千分尺对准零位。

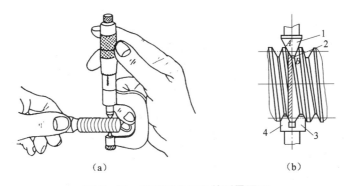

（a）　　　　　　　　　　（b）

图 7 - 22　螺纹千分尺及其测量原理

（a）螺纹千分尺的测量方法；（b）测量原理
1，3—测量螺杆；2—上测量头；4—下测量头

② 三针测量，如图 7 - 23 所示。具体测量方法在后续的学习中介绍。

③ 单针测量，如图 7 - 24 所示。具体测量方法在后续的学习中介绍。

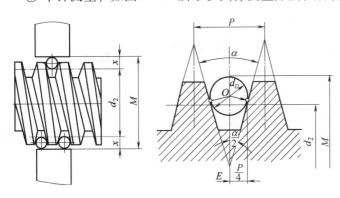 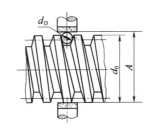

图 7 - 23　三针测量螺纹中径　　　**图 7 - 24　单针测量螺纹中径**

2．综合测量

用螺纹环规可综合检测三角形外螺纹。螺纹环规分为通规 T 和止规 Z。先检查螺纹的直

径、螺距、牙型和表面粗糙度，再检查尺寸精度。当通规能通过而止规不能通过时，说明精度符合要求。用螺纹环规检查三角形外螺纹时，以拧上工件时的松紧程度来确定螺纹是否合格，如图7-25所示。螺纹精度要求不高时，也可以用标准螺母检查。

(a)　　　　　　　　　　(b)

图7-25　螺纹环规

(a) 止规Z；(b) 通规T

【任务准备】

(1) 设备：CA6140型车床。

(2) 备料：45钢，ϕ50 mm×100 mm（每位学生一根）。

(3) 刀具：90°外圆刀、45°外圆刀、切槽（断）刀、高速钢外三角形螺纹车刀、B2.5中心钻及垫刀片若干。

(4) 量具：游标卡尺（0~150 mm）、外径千分尺（25~50 mm）、数显深度游标卡尺（0~150 mm，0.01 mm）、螺纹千分尺（25~50 mm）、表面粗糙度比较样块、百分表及座。

(5) 工具：油枪，100.0 mm×20.0 mm×0.2 mm铜皮，上刀、上料扳手，铁钩子，钻夹头，活顶尖，一字螺丝刀。

(6) 学生防护用品：工作服、工作帽、防护眼镜等。

【任务实施】

一、加工前的准备

(1) 编制三角形螺纹工件的加工工艺，并填写工艺卡片，如表7-2所示。

(2) 检查车床各部分机构是否完好，各手柄、开关功能是否有效，低速空车试运转。

(3) 对导轨、尾座、丝杠和光杠、进给箱等部位加油润滑。

(4) 采用三爪自定心卡盘装夹工件，要求夹紧力适当，工件伸出长度适宜。

(5) 装夹90°外圆车刀、45°外圆车刀、切槽刀、外三角形螺纹车刀，刀尖对准工件中心，夹紧牢固。

二、加工外三角形螺纹工件

按表7-2加工工艺卡片中的加工步骤加工工件。

表7-2 加工工艺卡片

姓名:		加工工艺卡片		日期:	
班级:				实训车间:机加工车间	
工位号:				得分:	

工件名称:外三角形螺纹工件			图样编号:C7-001		

毛坯材料:45钢			毛坯尺寸:$\phi50$ mm × 100 mm		

序号	内容	a_p/mm	n/(r·min^{-1})	f/(mm·min^{-1})	工卡量具	备注
1	检查毛坯尺寸$\phi50$ mm × 100 mm 是否合格				游标卡尺	
2	装夹毛坯,车削装夹用外圆$\phi45$ mm × 30 mm	2	450	0.33	游标卡尺	
3	掉头装夹已车好的阶台$\phi45$ mm × 30 mm 处,夹紧牢固				三爪自定心卡盘	
4	车削端面,钻中心孔,用顶尖支撑		1 120	手动		
5	粗车外圆 $\phi48_{-0.025}^{0}$ mm × 65 mm、$\phi40_{-0.025}^{0}$ mm × 45 mm、$\phi30$ mm × 35 mm,外圆留精加工余量0.5 mm,长度留0.3 mm	2	450	0.33	游标卡尺	
6	粗车 $\phi26$ mm × 5 mm 退刀槽		450	手动	游标卡尺	
7	精车 $\phi30$ mm × $35_{-0.1}^{0}$ mm 三角形螺纹大径至尺寸合格	0.15	1 120	0.08	外径千分尺、数显深度游标卡尺	
8	粗、精车 M30 × 2 - 5g6g 外三角形螺纹,倒角 C2		100		游标卡尺、螺纹千分尺	
9	精车 $\phi26$ mm × 5 mm 退刀槽至尺寸合格		560		游标卡尺、外径千分尺	

续表

序号	内容	a_p /mm	$n/$ $(r \cdot min^{-1})$	$f/$ $(mm \cdot min^{-1})$	工卡量具	备注
10	精车外圆 $\phi 48_{-0.025}^{0}$ mm × 65 mm、 $\phi 40_{-0.025}^{0}$ mm × 45 mm 至尺寸合格，控制表面粗糙度	0.15	1 120	0.08	游标卡尺、外径千分尺、数显深度游标卡尺、表面粗糙度比较样块	
11	倒角 C1.5，倒钝，检查各尺寸		450	手动		
12	切断，总长留 0.5 mm 余量		450	手动	游标卡尺	
13	掉头垫铜皮装夹 $\phi 40$ mm 外圆处，用磁力表找正，适当加紧				三爪自定心卡盘	
14	精车端面，保证总长 60 mm ±0.1 mm	0.1	1 120	0.1	游标卡尺	
15	倒角 C1.5，倒钝，检查各尺寸，卸下工件		450	手动		
16	按图样各项技术要求进行自检、互检				游标卡尺、外径千分尺、数显深度游标卡尺、螺纹千分尺、表面粗糙度比较样块	

【检查评议】

车削外三角形螺纹工件评分标准如表 7 – 3 所示。

表 7 – 3　车削外三角形螺纹工件评分标准

班级：			姓名：		工位号：		任务：外三角形螺纹工件		工时：	
项目	检测内容		分值		评分标准		自检	互检		得分
外圆	$\phi 48_{-0.025}^{0}$ mm, $Ra1.6 \mu m$		12/4		超差全扣，表面粗糙度降级全扣					
	$\phi 40_{-0.025}^{0}$ mm, $Ra1.6 \mu m$		12/4		超差全扣，表面粗糙度降级全扣					
沟槽	$\phi 26$ mm × 5 mm		5		超差全扣					

续表

项目	检测内容	分值	评分标准	自检	互检	得分
三角形螺纹	大径 $\phi 30$ mm，$Ra1.6$ μm	4/4	超差全扣，表面粗糙度降级全扣			
	中径 $M30 \times 2 - 5\,g\,6\,g$，$Ra1.6$ μm	16/4	超差全扣，表面粗糙度降级全扣			
	牙型角 30°	2	超差全扣			
长度	$35_{-0.1}^{\ 0}$ mm	6	超差全扣			
	60 mm ± 0.1 mm	6	超差全扣			
	45 mm	5	超差全扣			
倒角	$C2$（2 处）	4	超差全扣			
	$C1$（2 处）	2	超差全扣			
安全文明生产		10	视情况酌情扣分			
监考人：		检验员：			总分：	

任务二　内三角形螺纹加工

【任务描述】

前面我们已经学习了如何加工外螺纹，那么与三角形外螺纹相配合的三角形内螺纹应该怎样加工呢？要解决这个问题，实际上就是要掌握车工中，车削三角形内螺纹的方法。

通过工艺理论知识的学习，掌握内三角形螺纹车刀的刃磨与安装，掌握内三角形螺纹的车削过程和检测方法。经过技能操作训练，逐步掌握内三角形螺纹的车削方法，完成内三角形螺纹的车削，如图 7 - 26 所示。

【任务分析】

（1）以如图 7 - 26 所示第二组尺寸为例，螺纹的代号分别为 M27 × 1.5 - 6G、M30 × 2 - 6G，表示公称直径分别为 27 mm 和 30 mm、螺距分别为 1.5 mm 和 2 mm、中径的公差等级为 IT7、顶径的公差等级为 IT7、公差带基本偏差位置为 G 的细牙内螺纹。根据螺纹的螺距，拟采用直进法进刀。内螺纹的精度较高，表面粗糙度值为 $Ra3.2$ mm，拟采用低速车削。

（2）该零件除了内螺纹外，还有外圆和内沟槽。内沟槽尺寸为 $\phi 36$ mm × 10 mm，应多刀车削完成。

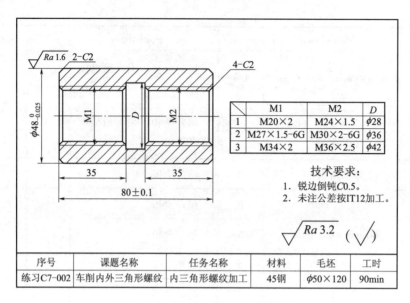

	M1	M2	D
1	M20×2	M24×1.5	φ28
2	M27×1.5-6G	M30×2-6G	φ36
3	M34×2	M36×2.5	φ42

技术要求：
1. 锐边倒钝C0.5。
2. 未注公差按IT12加工。

$\sqrt{Ra\ 3.2}$ ($\sqrt{}$)

序号	课题名称	任务名称	材料	毛坯	工时
练习C7-002	车削内外三角形螺纹	内三角形螺纹加工	45钢	φ50×120	90min

图 7 – 26　内三角形螺纹的车削训练

【相关知识】

一、三角形内螺纹车刀

　　内螺纹车刀从材料上分为高速钢内螺纹车刀和硬质合金内螺纹车刀两种；从加工精度来分，可分为三角形内螺纹粗车刀与三角形内螺纹精车刀。根据所加工内孔的结构特点来选择合适的内螺纹车刀。由于内螺纹车刀的大小受内螺纹孔径的限制，所以内螺纹车刀的刀体的径向尺寸应比螺纹孔径小 3 ~ 5 mm，否则退刀时易碰伤牙顶，甚至无法车削。

　　内螺纹车刀刀头的几何形状与外螺纹车刀的几何形状相同，内螺纹车刀的刀杆与镗孔刀的刀杆相同。在车内圆柱面时曾重点提到有关内孔车刀的刚性和解决排屑问题的有效措施，在选择内螺纹车刀的结构和几何形状时也应给予充分的考虑。

　　1. 高速钢内螺纹车刀

　　高速钢三角形内螺纹粗车刀的几何形状如图 7 – 27 所示，高速钢三角形内螺纹精车刀的几何形状如图 7 – 28 所示。

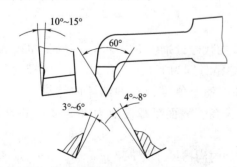

图 7 – 27　高速钢三角形内螺纹粗车刀

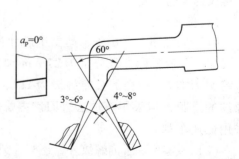

图 7 – 28　高速钢三角形内螺纹精车刀

2．硬质合金内螺纹车刀

硬质合金三角形内螺纹粗车刀的几何形状如图 7－29 所示，硬质合金三角形内螺纹精车刀的几何形状如图 7－30 所示。

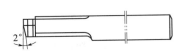

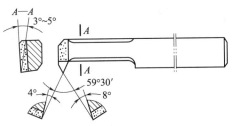

图 7－29　硬质合金三角形内螺纹粗车刀　　　　图 7－30　硬质合金三角形内螺纹精车刀

3．螺纹车刀的刃磨

（1）刀头的刃磨要求：

①螺纹车刀的刀尖角要符合三角形螺纹的牙型角。当螺纹车刀的径向前角为 0° 时，它的刀尖角应等于三角形螺纹的牙型角，即 60°；当径向前角大于 0° 时，它的刀尖角应略小于 60°。

例如，当径向前角为 10°，它的刀尖角为 59°15′。

②螺纹车刀的两个主切削刃必须刃磨平直，无崩刃。

③螺纹车刀的切削部分不能歪斜，两牙型半角应相等。

④螺纹车刀的前刀面和两个主后刀面的表面粗糙度值要小。

⑤螺纹车刀的两个后角要符合车削要求。

（2）刀头的刃磨步骤：

①粗磨两侧后刀面，初步形成两切削刃间的夹角。先磨进给方向的侧刃及后角，再磨背向进给方向的侧刃及后角。

②粗磨前刀面，初步形成前角。

③精磨前刀面，形成前角。

④精磨两侧后刀面，用螺纹角度样板检查刀尖角，如图 7－31 所示。

⑤修磨刀尖，刀尖倒棱宽度约为 0.1P（P 为螺距）。

⑥用油石研磨切削刃处的前、后刀面和刀尖圆弧，注意保持切削刃锋利。

（3）注意事项：

①刃磨时，人的站立姿势要正确。在刃磨整体式内螺纹车刀内侧时，易将刀尖磨歪斜。

图 7－31　用样板测量刀尖角

②磨削时，两手握着车刀与砂轮接触的径向压力应不小于一般车刀。

③磨内螺纹车刀时，刀尖角平分线应垂直于刀体中线。

④粗磨时也要用车刀样板检查。对径向前角 $\gamma_{o}>0°$ 的螺纹车刀，粗磨时两刃夹角应略大于牙型角。待磨好前角后，再修磨两刃夹角。

⑤刃磨刀刃时要稍带做左右、上下的移动，这样容易使刀刃平直。

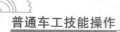

二、车削三角形内螺纹

1. 三角形内螺纹的形式

三角形内螺纹有通孔内螺纹、不通孔内螺纹和阶台孔内螺纹三种形式，如图 7－32 所示。

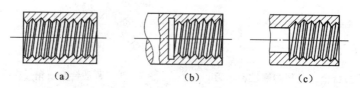

图 7－32　内螺纹工件的形状

（a）通孔内螺纹；（b）不通孔内螺纹；（c）阶台孔内螺纹

2. 三角形内螺纹的车削特点

车削内螺纹时（尤其是直径较小的内螺纹），由于刀柄细长、车刀刚度低、切屑不易排出、切削液不易注入，以及车削时不便于观察等原因，导致车削内螺纹比车削外螺纹困难得多。

3. 三角形内螺纹车刀的选择

车削内螺纹时，应根据不同的内螺纹形式选用不同的内螺纹车刀。常见的三角形内螺纹车刀如图 7－33 所示。其中，图 7－33（a）和图 7－33（b）所示为通孔内螺纹车刀，图 7－33（c）和图 7－33（d）所示分别为不通孔和阶台孔内螺纹车刀。

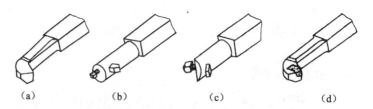

图 7－33　常见的三角形内螺纹车刀

（a），（b）通孔内螺纹车刀；（c）不通孔内螺纹车刀；（d）阶台孔内螺纹车刀

内螺纹的加工是在孔内进行的，因此内螺纹车刀的刀柄受螺纹孔径尺寸的限制，应在保证顺利车削的前提下，尽量选断面面积大些的刀柄，一般选用车刀切削部分的径向尺寸比孔径小 3～5 mm 的螺纹车刀。刀柄太细，车削时容易振动；刀柄太粗，退刀时会碰伤内螺纹的牙顶，甚至不能车削。

低速车削内螺纹时，一般选用高速钢三角形内螺纹车刀；高速车削内螺纹时，一般选用硬质合金三角形内螺纹车刀。

4. 三角形内螺纹车刀的安装

（1）安装车刀时，内螺纹车刀的刀尖应严格对准工件中心。

（2）刀柄伸出长度（从刀尖算起）应比内螺纹的长度稍长。

（3）车刀刀尖角的对称中心线必须与工件的轴线垂直。车刀刀尖角与刀杆的位置关系主要有三种，如图 7－34 所示。

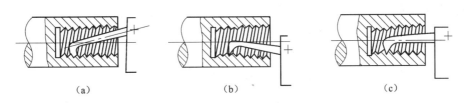

（a）　　　　　　　　　（b）　　　　　　　　　（c）

图 7-34　车刀刀尖角与刀杆的位置关系

（a）偏左（不正确）；（b）偏右（不正确）；（c）垂直（正确）

（4）为确保刀尖角的对称中心线与工件的轴线垂直，在装夹车刀时，必须严格按螺纹角度样板找正车刀刀尖角，如图 7-35 所示。

（5）安装好螺纹车刀后，应在底孔内试走一次（手动），防止因刀柄与内孔相碰而影响车削，如图 7-36 所示。

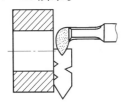

图 7-35　内螺纹车刀的装刀方法

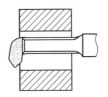

图 7-36　检查刀柄是否与底孔相碰

5．车削三角形内螺纹的方法

车削内螺纹与车削外螺纹的方法基本相同，只是进给与退刀的方向相反。

（1）内螺纹长度的控制：由于内螺纹车刀在工件孔内加工，观察螺纹长度很不方便，因此，内螺纹车刀安装后，必须移动溜板箱，带动内螺纹车刀，使内螺纹车刀在螺纹底孔内试走一次，并根据螺纹长度在内螺纹车刀的刀柄上做好标记或在溜板箱手轮刻度上作好记号，从而控制螺纹长度。

（2）内螺纹牙型高度的控制：开车并移动内螺纹车刀，使刀尖与工件孔的内壁刚好接触，记下中滑板刻度的读数或将中滑板刻度盘调零，纵向移动溜板箱，移出到工件端面，这个读数是车削内螺纹的起始刻度位置。再根据内螺纹的牙型高度，求出应车削到的格数，在中滑板刻度盘上作好终止刻度位置的记号。需要特别注意的是，进给时，车削内螺纹的方向与车削外螺纹刚好相反。

（3）切削用量的选择：车削内螺纹的切削用量要比车削外螺纹时小些。

（4）进给方法：车削内螺纹的进给方法一般采用直进法。

6．车削三角形内螺纹时应注意的问题

（1）车削螺纹前，应首先调整好床鞍和中、小滑板的松紧程度。

（2）车削螺纹时，思想要集中，特别是初学者在刚开始练习时，主轴转速不宜过高，待操作熟练后，再逐渐提高主轴转速，最终达到高速车削三角形螺纹的要求。

（3）车削螺纹时，应始终保持螺纹车刀的锋利。中途换刀或刃磨后重新装刀，必须重新调整螺纹车刀刀尖的高度，并重新对刀。

（4）车削脆性材料的螺纹时，径向进给量不宜过大；低速精车螺纹时，最后几刀应采用微量进给或无进给切削的方式，车好螺纹侧面。

（5）刀尖出现积屑瘤时应及时清除。

（6）一旦刀尖"扎入"工件引起崩刃，应停车清除嵌入工件的硬质合金碎粒，然后用高速钢螺纹车刀低速修整螺纹牙侧。

（7）粗、精车分开车削螺纹时，应留适当的精车余量。

（8）车削内螺纹时，退刀要及时、准确。退刀过早，螺纹没车完；退刀过迟，车刀容易碰撞孔底。

（9）车削内螺纹时，背吃刀量不宜过大，以防精车螺纹时没有余量。

（10）车削内螺纹时，如果车刀碰撞孔底，应及时重新对刀，以防因车刀移位而造成"乱牙"。

三、三角形内螺纹的检测

三角形内螺纹一般采用螺纹塞规进行综合检测，如图 7-37 所示。检测前，应先检查螺纹的小径、牙型、螺距和表面粗糙度，然后用螺纹塞规进行检测。如果塞规的通端能顺利拧入工件，而止端拧不进工件，说明螺纹合格。

图 7-37　螺纹塞规

对于螺纹大径比较大的三角形内螺纹，有时也进行单项检测，即检测小径、中径、螺距和牙型等。

内螺纹螺距和牙型的检测方法与外螺纹的检测方法基本相同；内螺纹小径的检测一般使用游标卡尺或内径千分尺；内螺纹中径的检测一般使用内螺纹千分尺，如图 7-38 所示。

图 7-38　用内螺纹千分尺测量内螺纹的中径

【任务准备】

（1）设备：CA6140 型车床。

（2）备料：45 钢，ϕ50 mm×120 mm（每位学生一根）。

（3）刀具：90°外圆刀、45°外圆刀、切槽（断）刀、高速钢内三角形车刀、内孔车刀、内沟槽车刀、B2.5 中心钻、ϕ24 钻头及垫刀片若干。

（4）量具：游标卡尺（0~150 mm）、外径千分尺（25~50 mm）、带表游标卡尺（0~150 mm，0.01 mm）、螺纹塞规、表面粗糙度比较样块、百分表及座。

（5）工具：油枪，100.0 mm×20.0 mm×0.2 mm 铜皮，上刀，上料扳手，铁钩子，钻夹头，钻库（3#、4#、5#），一字螺丝刀。

（6）学生防护用品：工作服、工作帽、防护眼镜等。

【任务实施】

一、加工前的准备

（1）编制三角形螺纹工件的加工工艺，并填写工艺卡片，如表 7 - 4 所示。

（2）检查车床各部分机构是否完好，各手柄、开关功能是否有效，低速空车试运转。

（3）对导轨、尾座、丝杠和光杠、进给箱等部位加油润滑。

（4）采用三爪自定心卡盘装夹工件，要求夹紧力适当，工件伸出长度适宜。

（5）装夹 90°外圆车刀、45°外圆车刀、切断刀、内孔刀、内沟槽车刀、内三角形螺纹车刀，刀尖对准工件中心，夹紧牢固。

二、加工内三角形螺纹工件

按表 7 - 4 加工工艺卡片中的加工步骤加工工件。

表 7 - 4　加工工艺卡片

姓名：		加工工艺卡片		日期：		
班级：				实训车间：机加工车间		
工位号：				得分：		
工件名称：内三角形螺纹工件			图样编号：C7 - 002			
毛坯材料：45 钢			毛坯尺寸：ϕ50 mm × 120 mm			
序号	内容	a_p /mm	n/ (r·min^{-1})	f/ (mm·min^{-1})	工卡量具	备注
1	检查毛坯尺寸 ϕ50 mm × 120 mm 是否合格				游标卡尺	
2	装夹毛坯，车削装夹用外圆 ϕ48 mm × 30 mm	2	450	0.33	游标卡尺	
3	掉头装夹已车好的台阶 ϕ48 mm × 30 mm 处，夹紧牢固				三爪自定心卡盘	
4	车削端面，钻中心孔		1 120	手动		
5	用 ϕ24 mm 钻头钻孔，长 85 mm		250	手动		
6	粗车外圆 ϕ48$_{-0.025}^{0}$ mm × 85 mm，外圆留精加工余量 0.5 mm，长度留 0.3 mm	2	450	0.33	游标卡尺	
7	粗车 ϕ28 mm 内孔，直径留精加工余量 0.5 mm，长度 45 mm	2	450	0.33	游标卡尺	

续表

序号	内容	a_p/mm	n/(r·min^{-1})	f/(mm·min^{-1})	工卡量具	备注
8	粗车 $\phi36$ mm×10 mm 内沟槽	2	450	手动	游标卡尺	
9	精车 $\phi36$ mm×10 mm 内沟槽	2	450	手动	游标卡尺	
10	精车 $\phi28$ mm 内孔至尺寸合格，控制表面粗糙度	0.15	1 120	0.1	带表游标卡尺	
11	精车外圆 $\phi48_{-0.025}^{0}$ mm×85 mm，至尺寸合格，控制表面粗糙度	0.15	1 120	0.08	游标卡尺、外径千分尺、表面粗糙度比较样块	
12	粗、精车 M30×2-6G 内三角形螺纹，倒角 $C2$		63		游标卡尺、螺纹塞规	
13	倒角倒钝，检查各尺寸		450	手动		
14	切断，总长留 0.5 mm 余量		450	手动	游标卡尺	
15	掉头垫铜皮装夹 $\phi48$ mm 外圆处，用磁力表找正，适当加紧				三爪自定心卡盘	
16	精车端面，保证总长 80 mm ±0.1 mm	0.1	1 120	0.1	带表游标卡尺	
17	粗车 $\phi25.5$ mm 内孔，直径留精加工余量 0.5 mm，长度 35 mm	2	450	0.33	游标卡尺	
18	精车 $\phi25.5$ mm 内孔至尺寸合格，控制表面粗糙度	0.15	1 120	0.1	带表游标卡尺	
19	粗、精车 M27×1.5-6G 内三角形螺纹，倒角 $C2$		63		游标卡尺、螺纹塞规	
20	倒角倒钝，检查各尺寸，卸下工件		450	手动		
21	按图样各项技术要求进行自检、互检				游标卡尺、外径千分尺、带表游标卡尺、表面粗糙度比较样块	

【检查评议】

车削内三角形螺纹工件评分标准如表 7-5 所示。

表 7 – 5　车削内三角形螺纹工件评分标准

班级：		姓名：	工位号：	任务：外三角形螺纹工件		工时：	
项目	检测内容		分值	评分标准	自检	互检	得分
外圆	$\phi48^{\ 0}_{-0.025}$ mm，Ra1.6 μm		10/4	超差全扣，表面粗糙度降级全扣			
沟槽	$\phi36$ mm × 10 mm		2	超差全扣			
三角形螺纹	小径 $\phi28$ mm，Ra3.2 μm		4/2	超差全扣，表面粗糙度降级全扣			
	中径 M30 × 2 – 6G，Ra3.2 μm		14/4	超差全扣，表面粗糙度降级全扣			
	牙型角 30°		2	超差全扣			
	小径 $\phi25.5$ mm，Ra 3.2 μm		4/2	超差全扣，表面粗糙度降级全扣			
	中径 M27 × 1.5 – 6G，Ra3.2 μm		14/4	超差全扣，表面粗糙度降级全扣			
	牙型角 30°		2	超差全扣			
长度	35 mm		2	超差全扣			
	35 mm		2	超差全扣			
	80 mm ± 0.1 mm		6	超差全扣			
倒角	C2（6 处）		12	超差全扣			
安全文明生产			10	视情况酌情扣分			
监考人：			检验员：			总分：	

课题八　车削内外梯形螺纹

课题简介：

本课题主要介绍内、外梯形螺纹的车削、测量及其相关内容及梯形螺纹参数的确定，梯形螺纹车刀的几何形状和角度要求、刃磨方法，以及梯形螺纹的车削和测量方法。

知识目标：

(1) 了解梯形螺纹的作用、种类、标记和牙型。

(2) 了解梯形螺纹各部分的名称、代号、计算公式及基本尺寸的确定方法。

(3) 了解梯形螺纹的技术要求。

(4) 了解梯形螺纹车刀的几何形状和角度要求。

(5) 学会确定梯形螺纹的参数。

技能目标：

(1) 学会刃磨梯形螺纹车刀。

(2) 掌握梯形螺纹的车削方法。

(3) 掌握梯形螺纹的测量、检查方法。

任务一　外梯形螺纹加工

【任务描述】

在各种机器中，带有螺纹的零件应用得十分广泛，三角形螺纹主要用于连接零件，而梯形螺纹主要用于传递运动和动力。其工作长度较长，精度要求比较高，而且导程和螺纹升角较大，如车床的丝杠和中、小滑板的丝杆，所以要比车削三角形螺纹困难。

梯形螺纹有两种，国家标准规定梯形螺纹牙型角为30°，英制梯形螺纹的牙型角为29°，在我国较少采用。如图 8-1 所示的外梯形螺纹轴，请选择合适的螺纹车刀进行加工。

【任务分析】

梯形螺纹用于传动，其轴线剖面形状为等腰梯形，对形状和尺寸精度都要求较高，同时要求表面粗糙度小，其车削难度比三角形螺纹大。

为了保证传动的准确性，梯形螺纹的基本技术要求如下：

(1) 梯形螺纹的中径必须与基准轴颈同轴，其大径尺寸应小于基本尺寸。

(2) 梯形螺纹在配合时以中径定心，车削时必须保证中径尺寸准确。

(3) 梯形螺纹的牙型角必须准确。

(4) 梯形螺纹牙型两侧的表面粗糙度值要小。

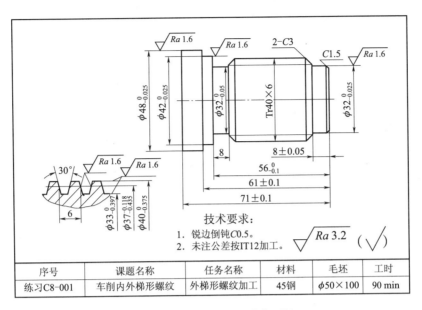

图 8 - 1 外梯形螺纹的车削训练

序号	课题名称	任务名称	材料	毛坯	工时
练习C8-001	车削内外梯形螺纹	外梯形螺纹加工	45钢	$\phi 50 \times 100$	90 min

【相关知识】

一、梯形螺纹的尺寸计算

30°梯形螺纹的代号用字母 Tr 及公称直径×螺距表示，例如 Tr40×6。梯形螺纹的牙型如图 8 - 2 所示，其各部分名称、代号及计算公式如表 8 - 1 所示。

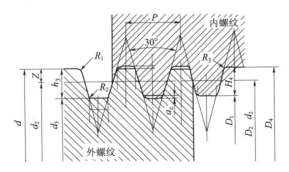

图 8 - 2 梯形螺纹的牙型

表 8 - 1 梯形螺纹各部分名称、代号及计算公式 mm

名称	代号	计算公式		
牙型角	α	$\alpha = 30°$		
螺距	P	由螺纹标准规定		
牙顶间隙	a_c	P	1.5 ~ 5.0	6 ~ 12	14 ~ 44
		a_c	0.25	0.5	1

名称		代号	计算公式
外螺纹	大径	d	公称直径
	中径	d_2	$d_2 = d - 0.5P$
	小径	d_3	$d_3 = d - 2h_3$
	牙高	h_3	$h_3 = 0.5P + a_c$
内螺纹	大径	D_4	$D_4 = d + 2a_c$
	中径	D_2	$D_2 = d_2$
	小径	D_1	$D_1 = d - P$
	牙高	H_4	$H_4 = h_3$
牙顶宽度		f、f'	$f = f' = 0.366P$
牙底槽宽		W、W'	$W = W' = 0.366P - 0.536a_c$

二、梯形螺纹车刀的种类

车削梯形螺纹时，径向切削力较大，为了提高螺纹质量并减小切削力，可以分粗车和精车两个阶段进行。

1. 高速钢梯形螺纹粗车刀

高速钢梯形螺纹粗车刀的形状如图 8 - 3 所示，其结构要点如下。

（1）粗车刀的刀尖角略小于螺纹牙型角，一般为 29°。

（2）刀尖宽度小于牙槽底宽 W，一般取 $\dfrac{2}{3}W$。

（3）径向前角通常取 10°～15°。

（4）径向后角通常取 6°～8°。

（5）进刀方向的后角一般取（3°～5°）$+\psi$，背刀方向的后角一般取（3°～5°）$-\psi$。

（6）刀尖处适当倒圆。

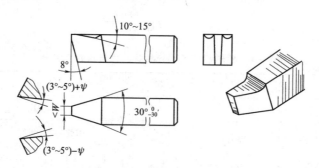

图 8 - 3　高速钢梯形螺纹粗车刀

2．高速钢梯形螺纹精车刀

高速钢梯形螺纹精车刀的形状如图8-4所示，其结构要点如下。

（1）精车刀的刀尖角等于螺纹牙型角，一般为30°，车刀前端的切削刃不参与切削。

（2）径向前角通常取0°。

（3）径向后角通常取6°~8°。

（4）进刀方向的后角一般取（5°~8°）$+\psi$，背刀方向的后角一般取（5°~8°）$-\psi$。

（5）刀尖处适当倒圆。

（6）刀尖宽度等于牙型槽底宽W减去0.05 mm。

（7）为了保证两侧切削刃切削顺利，都磨有较大前角（$\gamma_0 = 10°~20°$）的卷屑槽。

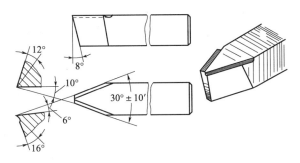

图8-4　高速钢梯形螺纹精车刀

3．硬质合金梯形螺纹车刀

为了提高生产率，在车削一般精度的梯形螺纹时，可以使用硬质合金车刀，其形状如图8-5所示，其结构要点如下。

（1）车刀的刀尖角等于螺纹牙型角，一般为30°。

（2）径向前角通常取0°。

（3）径向后角通常取6°~8°。

（4）进刀方向的后角一般取（3°~5°）$+\psi$，背刀方向的后角一般取（3°~5°）$-\psi$。

（5）刀尖处适当倒圆。

（6）刀尖宽度等于牙型槽底宽W减去0.05 mm。

（7）为了保证两侧切削刃切削顺利，都磨有较大前角（$\gamma_0 = 10°~20°$）的卷屑槽。

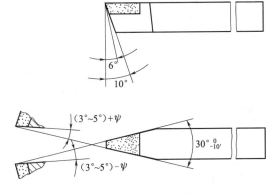

图8-5　硬质合金梯形螺纹车刀

三、梯形螺纹的车削方法

梯形螺纹的车削方法可分为低速和高速切削两种。对于精度要求较高的梯形螺纹，常采用低速切削。低速车削螺纹时，一般选用高速钢车刀，并且分别用粗、精车刀进行车削。同时，应根据机床和工件的刚性、螺距，选择不同的进刀方法。

1. 低速切削法

当工件材料的强度、刚性较好，且螺距 $P < 6$ mm 时，可用一把梯形螺纹车刀车成。车削时可以采用左右切削法。当工件材料的强度、刚性较差，且螺距较大时，采用一把梯形螺纹车刀切削有困难，可采用下面几种进刀方法车削。

（1）左右切削法：粗车时为了避免三个刀刃同时参加切削而产生振动和扎刀现象，可以采用左右切削法，如图 8-6（a）所示。

（2）切直槽法：虽然左右切削法可以避免振动和扎刀现象，但增大了操作者的劳动强度。因此，粗车梯形螺纹时可用矩形螺纹车刀（刀头宽度略小于牙槽底宽），车出螺旋直槽、槽底车至螺纹小径尺寸，然后用梯形螺纹精车刀精车两侧，如图 8-6（b）所示。

（3）切阶梯槽法：车削 $P > 8$ mm 的梯形螺纹，如果采用切直槽法将螺纹小径车到尺寸有困难，则可采用切阶梯槽法，如图 8-6（c）所示。粗车时，可用刀头宽小于 $\frac{1}{2}P$ 的矩形螺纹车刀，用车直槽法车至接近螺纹中径处，再用刀头宽度等于牙槽底宽的矩形螺纹车刀把槽车至接近螺纹牙高，这就车成阶梯槽，然后用螺纹精车刀精车两侧。

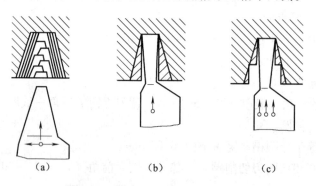

图 8-6　粗车梯形螺纹的切削方法
（a）左右切削法；（b）切直槽法；（c）切阶梯槽法

2. 高速切削法

车床、工件刚性好，且螺纹精度要求不高时，可以采用硬质合金梯形螺纹车刀高速切削螺纹。进给次数、切削速度应根据工件材料、螺距大小等来确定。一般进给次数在 10~20 次选择，切削速度在 80~130 m/min 选择。

为了防止切屑向两侧流出拉伤螺纹牙侧表面，不能使用左右切削法，只能用直进法切削，如图 8-7（a）所示。当螺距较大，用一把螺纹车刀切削有困难时，可用三把车刀切削，如图 8-7（b）所示。首先用粗车刀车成形，然后用矩形螺纹车刀将梯形螺纹小径车到要求尺寸，最后用精车刀把螺纹车至要求尺寸。

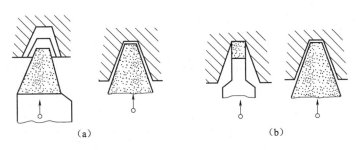

图 8-7 高速切削梯形螺纹的方法

（a）用一把车刀车削；（b）用三把车刀车削

四、梯形螺纹的测量

1. 梯形螺纹通常采用三针测量法

三针测量是测量外螺纹中径的一种比较精密的方法，测量时所用的三根圆柱形量针是由量具厂专门制造的。在没有量针的情况下，也可以用三根直径相等的新钻头柄部代替。测量时，把三根量针放在螺纹两侧相对应的螺旋槽内，用千分尺测量出两边量针顶点之间的距离 M 值，如图 8-8 所示。根据 M 值可以计算出螺纹中径的实际尺寸。

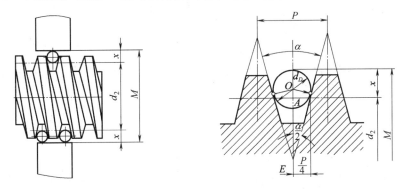

图 8-8 三针测量法

三针测量用的量针直径（d_D）不能太大，如果太大，则量针的横截面与螺纹牙侧不相切（如图 8-9（c）所示），无法量得中径的实际尺寸；也不能太小，如果太小，则量针陷

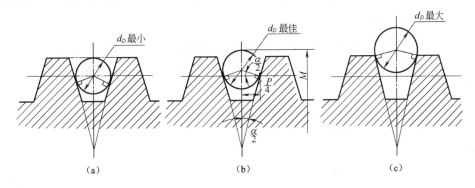

图 8-9 量针直径的选择

（a）最小量针直径；（b）最佳量针直径；（c）最大量针直径

入牙槽中，其顶点低于螺纹牙顶，而无法测量（如图8-9（a）所示）。当量针横截面与螺纹中径处牙侧相切时的量针直径为最佳量针直径（如图8-9（b）所示）。量针直径的最大值、最佳值和最小值可在表8-2中查出。选用量针时，应尽量接近最佳值，以便获得较高测量精度。

表8-2　三针测量螺纹时 M 值及量针的计算公式　　　　mm

螺纹牙型角（a）	M 值计算公式	量针直径（d_D）		
		最大值	最佳值	最小值
60°（普通螺纹）	$M = d_2 + 3d_D - 0.866P$	1.01P	0.577P	0.505P
55°（英制螺纹）	$M = d_2 + 3.166d_D - 0.960P$	0.864P - 0.269	0.564P	0.418P - 0.016
30°（梯形螺纹）	$M = d_2 + 4.864d_D - 1.866P$	0.656P	0.518P	0.486P

2. 单针测量法

螺纹中径的测量除三针测量法外，还有单针测量法。

用单针测量螺纹中径时，只需要一根量针即可。这种方法测量比较简便（如图8-10所示），但其测量的精度没有三针测量精度高。

其计算公式如下：

$$A = \frac{M \times d_0}{2} \tag{8.1}$$

式中，A——千分尺测得的实际尺寸（mm）；

d_0——螺纹外径的实际尺寸（mm）；

M——用三针测量时千分尺所测得的尺寸（mm）。

由于单针和三针测量螺纹中径时，量针沿螺旋槽放置，当螺纹升角大于4°时，会产生较大的测量误差，测量值应修正，修正的公式可在有关手册上查得。

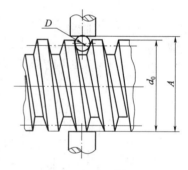

图8-10　单针测量法

3. 梯形螺纹的综合测量

（1）梯形外螺纹综合测量：对于加工精度要求不高的梯形外螺纹，通常采用标准梯形螺纹环规进行综合测量。在检测前，应先检查梯形螺纹的大径、牙型角、螺距和表面粗糙度是否符合加工要求，然后用螺纹环规进行检测。如果螺纹环规通规能顺利旋入工件，而止规不能旋入，则说明被检测的梯形螺纹是合格的。

（2）梯形内螺纹：通常使用标准梯形螺纹塞规和小径塞规进行综合测量。在检测时，应先用小径塞规（注：测量面为光滑的外圆柱面）对螺纹小径进行检测，若小径塞规的通端能顺利进入内螺纹而止端不能进入（注：允许内螺纹小径两端旋入不超过一个螺距），则用螺纹塞规进行检测。若螺纹塞规的通端能顺利旋入工件的内螺纹，而止端不能旋入，则说明被检测的梯形内螺纹是合格的。

【任务准备】

（1）设备：CA6140型车床。

（2）备料：45钢，ϕ50 mm×100 mm（每位学生一根）。

（3）刀具：90°外圆刀、45°外圆刀、切槽（断）刀、高速钢外梯形螺纹车刀、B2.5中

心钻及垫刀片若干。

(4) 量具：游标卡尺（0～150 mm）、外径千分尺（25～50 mm）、数显深度游标卡尺（0～150 mm，0.01 mm）、公法线千分尺（25～50 mm）、三针（ϕ3.1 mm）、表面粗糙度比较样块、百分表及座。

(5) 工具：油枪，100.0 mm×20.0 mm×0.2 mm 铜皮，上刀、上料扳手，铁钩子，钻夹头，活顶尖，一字螺丝刀。

(6) 学生防护用品：工作服、工作帽、防护眼镜等。

【任务实施】

一、加工前的准备

(1) 编制梯形螺纹工件的加工工艺，并填写工艺卡片，如表 8－3 所示。

(2) 检查车床各部分机构是否完好，各手柄、开关功能是否有效，低速空车试运转。

(3) 对导轨、尾座、丝杠和光杠、进给箱等部位加油润滑。

(4) 采用三爪自定心卡盘装夹工件，要求夹紧力适当，工件伸出长度适宜。

(5) 装夹 90°外圆车刀、45°外圆车刀、切槽刀、外梯形螺纹车刀，刀尖对准工件中心，夹紧牢固。

二、加工外梯形螺纹工件

按表 8－3 加工工艺卡片中的加工步骤加工工件。

表 8－3 加工工艺卡片

姓名：		加工工艺卡片			日期：		
班级：					实训车间：机加工车间		
工位号：					得分：		
工件名称：外梯形螺纹工件				图样编号：C8－001			
毛坯材料：45 钢				毛坯尺寸：ϕ50 mm×100 mm			
序号	内容	a_p /mm	n/ (r·min^{-1})	f/ (mm·min^{-1})	工卡量具		备注
1	检查毛坯尺寸 ϕ50 mm×100 mm 是否合格				游标卡尺		
2	装夹毛坯，车削装夹用外圆 ϕ40 mm×20 mm	2	450	0.33	游标卡尺		
3	掉头装夹已车好的台阶 ϕ40 mm× 20 mm 处，夹紧牢固				三爪自定心卡盘		
4	车削端面，钻中心孔，用顶尖支撑		1 120	手动			

续表

序号	内容	a_p/mm	n/(r·min^{-1})	f/(mm·min^{-1})	工卡量具	备注
5	粗车外圆 $\phi 48_{-0.025}^{0}$ mm × 75 mm、$\phi 42_{-0.025}^{0}$ mm × 61 mm、$\phi 40$ mm × 56 mm、$\phi 32_{-0.025}^{0}$ mm × 8 mm,外圆留精加工余量 0.5 mm,长度留 0.3 mm	2	450	0.33	游标卡尺	
6	粗车 $\phi 32_{-0.05}^{0}$ mm × 8 mm 退刀槽		450	手动	游标卡尺	
7	粗车 Tr 40 × 6 外梯形螺纹,倒角 C3		63		游标卡尺	
8	精车 $\phi 40$ mm × 56$_{-0.1}^{0}$ mm 梯形螺纹大径至尺寸合格	0.15	1 120	0.08	外径千分尺、数显深度游标卡尺	
9	精车 Tr40 × 6 外梯形螺纹		25		公法线千分尺、三针	
10	精车 $\phi 32_{-0.05}^{0}$ mm × 8 mm 退刀槽至尺寸合格		560		游标卡尺、外径千分尺	
11	精车外圆 $\phi 48_{-0.025}^{0}$ mm × 75 mm、$\phi 42_{-0.025}^{0}$ mm × 61 mm、$\phi 32_{-0.025}^{0}$ mm × 8 mm 至尺寸合格,控制表面粗糙度	0.15	1 120	0.08	游标卡尺、外径千分尺、数显深度游标卡尺、表面粗糙度比较样块	
12	倒角 C1.5,倒钝,检查各尺寸		450	手动		
13	切断,总长留 0.5 mm 余量		450	手动	游标卡尺	
14	掉头垫铜皮装夹 $\phi 32$ 外圆处,用磁力表找正,适当加紧				三爪自定心卡盘	
15	精车端面,保证总长 71 mm ±0.1 mm	0.1	1 120	0.1	游标卡尺	
16	倒钝,检查各尺寸,卸下工件		450	手动		
17	按图样各项技术要求进行自检、互检				游标卡尺、外径千分尺、数显深度游标卡尺、公法线千分尺、三针、表面粗糙度比较样块	

【检查评议】

车削外梯形螺纹工件评分标准如表 8 - 4 所示。

表 8 – 4　车削外梯形螺纹工件评分标准

班级：		姓名：	工位号：	任务：外梯形螺纹工件		工时：
项目	检测内容	分值	评分标准	自检	互检	得分
外圆	$\phi48_{-0.025}^{0}$ mm，$Ra1.6$ μm	8/2	超差全扣 粗糙度降级全扣			
	$\phi42_{-0.025}^{0}$ mm，$Ra1.6$ μm	8/2	超差全扣 粗糙度降级全扣			
	$\phi32_{-0.025}^{0}$ mm，$Ra1.6$ μm	8/2	超差全扣 粗糙度降级全扣			
沟槽	$\phi32_{-0.05}^{0}$ mm	5	超差全扣			
梯形螺纹	大径 $\phi40_{-0.375}^{0}$ mm，$Ra1.6$ μm	4/2	超差全扣 粗糙度降级全扣			
	中径 $\phi37_{-0.435}^{-0.118}$ mm，$Ra1.6$ μm	12/4	超差全扣 粗糙度降级全扣			
	小径 $\phi33_{-0.397}^{0}$ mm，$Ra1.6$ μm	4/2	超差全扣 粗糙度降级全扣			
	牙型角30°	1	超差全扣			
长度	8 mm ± 0.05 mm	5	超差全扣			
	$56_{-0.1}^{0}$ mm	5	超差全扣			
	61 mm ± 0.1 mm	5	超差全扣			
	71 mm ± 0.1 mm	5	超差全扣			
倒角	C3（2 处）	4	超差全扣			
	C1.5（1 处）	2	超差全扣			
安全文明生产		10	视情况酌情扣分			
监考人：			检验员：		总分：	

任务二　内梯形螺纹加工

【任务描述】

　　通过工艺理论知识的学习，掌握内梯形螺纹车刀的刃磨与安装，掌握内梯形螺纹的车削过程和检测方法。经过技能操作训练，逐步掌握内梯形螺纹的车削方法，完成内梯形螺纹的车削，如图 8 – 11 所示。

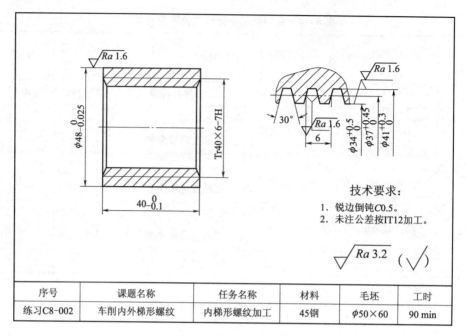

技术要求:
1. 锐边倒钝C0.5。
2. 未注公差按IT12加工。

序号	课题名称	任务名称	材料	毛坯	工时
练习C8-002	车削内外梯形螺纹	内梯形螺纹加工	45钢	$\phi50\times60$	90 min

图8-11 内梯形螺纹的车削训练

【任务分析】

图8-11所示螺纹的代号为 Tr 40×6-7H,表示公称直径为 40 mm、螺距为 6 mm、中径的公差等级为 IT7、顶径的公差等级为 IT7、公差带基本偏差位置为 H 的内螺纹。根据螺纹的螺距,拟采用左右切削法进刀。内螺纹的精度较高,表面粗糙度值为 Ra1.6 mm,拟采用低速车削。

【相关知识】

一、梯形内螺纹车刀的刃磨角度和装夹要求

内梯形螺纹车刀的选择基本与内三角形螺纹车刀一样,整体式高速钢刀杆,刀排式组合刀杆。

1. **刃磨角度**

梯形内螺纹车刀与三角内螺纹车刀的刃磨要求一样,梯形螺纹车刀也要先粗磨,然后再精磨,用样板或角度尺校正刀尖角30°,同时注意修正前角造成的夹角误差。刃磨时,刀刃要光滑无裂口,两侧切削刃对称,切削部分与刀杆垂直。

粗车刀前角10°~15°,精车刀前角0°~5°,如图8-12所示。

2. **刀具的装夹**

刀具的装夹应符合要求:

(1) 刀尖应与工件轴线等高,刀杆伸出长度尽可能短些,以增加强度;

(2) 两切削刃刀尖角的平分线应垂直于轴线,样板检查;

(3) 刀杆与孔径不能产生碰撞,刀杆强度尽可能好。

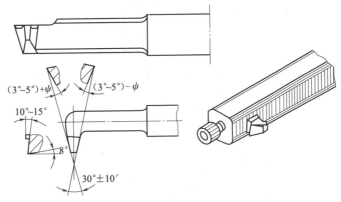

图 8 - 12 内梯形螺纹车刀

二、梯形内螺纹车刀刀头宽度的计算

刀头宽度比外梯形螺纹牙顶宽度 f 要稍大一些，为 $0.366P^{+(0.03 \sim 0.05)}_{0}$。

三、梯形内螺纹孔径的计算

车内梯形螺纹，要先钻孔或扩孔，孔径尺寸一般采用下面的计算公式：

加工钢件或塑性材料：

$$D_{孔} = D - P$$

加工铸铁或脆性材料：

$$D_{孔} = D - 1.05P$$

式中，$D_{孔}$——车内梯形螺纹前的孔径（mm）；

$\quad\quad D$——内梯形螺纹大径（mm）；

$\quad\quad P$——螺距（mm）。

四、梯形内螺纹的车削方法

内梯形螺纹的车削方法与车内三角螺纹基本相同：

（1）先计算内梯形螺纹底孔尺寸，钻梯形螺纹底孔尺寸；

（2）粗车内螺纹采用斜进法（向背进刀方向赶刀，利于车削的顺利进行）；

（3）精车内梯形螺纹采用左右切削法精车两侧面，多次光刀，采用低速薄屑，加工两侧面，多次反复用螺杆测试，保证螺纹能按要求顺利旋合，且间隙合适，精度要求很高的梯形内螺纹要用螺纹塞规进行检查。

【任务准备】

（1）设备：CA6140 型车床。

（2）备料：45 钢，$\phi 50 \text{ mm} \times 60 \text{ mm}$（每位学生一根）。

（3）刀具：90°外圆刀、45°外圆刀、切槽（断）刀、高速钢内梯形螺纹车刀、内孔车刀、B2.5 中心钻、ϕ20 mm 钻头、ϕ30 mm 钻头及垫刀片若干。

（4）量具：游标卡尺（0~150 mm）、外径千分尺（25~50 mm）、带表游标卡尺（0~150 mm，0.01 mm）、表面粗糙度比较样块、百分表及座。

（5）工具：油枪，100.0 mm×20.0 mm×0.2 mm 铜皮，上刀、上料扳手，铁钩子，钻夹头，钻库（3#、4#、5#），一字螺丝刀。

（6）学生防护用品：工作服、工作帽、防护眼镜等。

【任务实施】

一、加工前的准备

（1）编制梯形螺纹工件的加工工艺，并填写工艺卡片，如表 8-5 所示。

（2）检查车床各部分机构是否完好，各手柄、开关功能是否有效，低速空车试运转。

（3）对导轨、尾座、丝杠和光杠、进给箱等部位加油润滑。

（4）采用三爪自定心卡盘装夹工件，要求夹紧力适当，工件伸出长度适宜。

（5）装夹 90°外圆车刀、45°外圆车刀、切断刀、内孔车刀、内梯形螺纹车刀，刀尖对准工件中心，夹紧牢固。

二、加工内梯形螺纹工件

按表 8-5 加工工艺卡片中的加工步骤加工工件。

表 8-5　加工工艺卡片

姓名：		加工工艺卡片	日期：		
班级：			实训车间：机加工车间		
工位号：			得分：		
工件名称：内梯形螺纹工件			图样编号：C8-002		
毛坯材料：45 钢			毛坯尺寸：ϕ50 mm×60 mm		
序号	内容	a_p /mm	n/ (r·min^{-1})	f/ (mm·min^{-1})	工卡量具	备注
1	检查毛坯尺寸 ϕ50 mm×60 mm 是否合格				游标卡尺	
2	装夹毛坯，车削装夹用外圆 ϕ45 mm×15 mm	2	450	0.33	游标卡尺	
3	掉头装夹已车好的台阶 ϕ45 mm×15 mm 处，夹紧牢固				三爪自定心卡盘	
4	车削端面，钻中心孔		1 120	手动		
5	用 ϕ20 mm 钻头钻孔，长 45 mm		400	手动		
6	用 ϕ30 mm 钻头扩孔，长 45 mm		125	手动		

续表

序号	内容	a_p/mm	n/(r·min^{-1})	f/(mm·min^{-1})	工卡量具	备注
7	粗车外圆 $\phi48_{-0.025}^{0}$ mm×41 mm，外圆留精加工余量 0.5 mm，长度留 0.3 mm	2	450	0.33	游标卡尺	
8	精车外圆 $\phi48_{-0.025}^{0}$ mm×41 mm，至尺寸合格，控制表面粗糙度	0.15	1 120	0.08	游标卡尺、外径千分尺、表面粗糙度比较样块	
9	倒角倒钝，检查各尺寸		450	手动		
10	切断，总长留 0.5 mm 余量		450	手动	游标卡尺	
11	掉头垫铜皮装夹 $\phi48$ mm 外圆处，用磁力表找正，适当加紧				三爪自定心卡盘	
12	精车端面，保证总长 40$_{-0.1}^{0}$ mm	0.1	1 120	0.1	带表游标卡尺	
13	粗车 $\phi34_{0}^{+0.5}$ mm 内孔，直径留精加工余量 0.5 mm，长度 40 mm	2	450	0.33	游标卡尺	
14	精车 $\phi34_{0}^{+0.5}$ mm 内孔至尺寸合格，控制表面粗糙度	0.15	1 120	0.1	带表游标卡尺	
15	粗车 Tr40×6 - 7H 内梯形螺纹，倒角		63			
16	精车 Tr40×6 - 7H 内梯形螺纹		25			与 C8 - 001 配作，轴向、径向间隙不超过 0.1 mm
17	倒角倒钝，检查各尺寸，卸下工件		450	手动		
18	按图样各项技术要求进行自检、互检				游标卡尺、外径千分尺、带表游标卡尺、表面粗糙度比较样块	

【检查评议】

车削内梯形螺纹工件评分标准如表 8 - 6 所示。

表 8-6 车削内梯形螺纹工件评分标准

班级：		姓名：	工位号：	任务：内梯形螺纹工件	工时：
项目	检测内容	分值	评分标准	自检	互检	得分
外圆	$\phi48_{-0.025}^{0}$ mm，$Ra1.6\ \mu m$	14/2	超差全扣，表面粗糙度降级全扣			
梯形螺纹	大径 $\phi41_{0}^{+0.3}$ mm，$Ra1.6\ \mu m$	10/2	超差全扣，表面粗糙度降级全扣			
	中径 $\phi37_{0}^{+0.45}$ mm，$Ra1.6\ \mu m$	30/4	超差全扣，表面粗糙度降级全扣			
	小径 $\phi34_{0}^{+0.5}$ mm，$Ra1.6\ \mu m$	10/2	超差全扣，表面粗糙度降级全扣			
	牙型角 30°	2	超差全扣			
长度	$40_{-0.1}^{0}$ mm	10	超差全扣			
倒角倒钝	$C0.5$	4	超差全扣			
安全文明生产		10	视情况酌情扣分			
监考人：			检验员：		总分：	

普通车工操作技能测试题

普通车工操作技能测试题一

一、加工图纸要求。

按照下图要求完成零件加工。

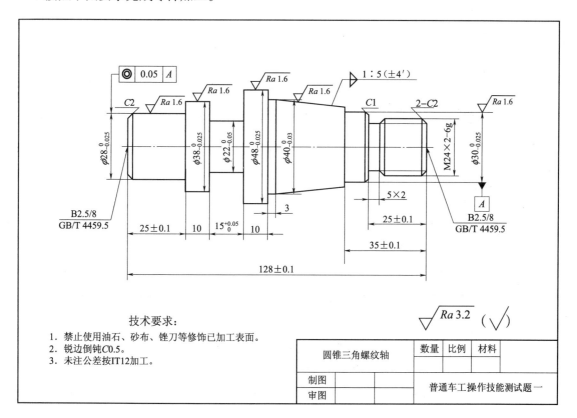

技术要求：
1. 禁止使用油石、砂布、锉刀等修饰已加工表面。
2. 锐边倒钝C0.5。
3. 未注公差按IT12加工。

圆锥三角螺纹轴		数量	比例	材料	
制图				普通车工操作技能测试题一	
审图					

二、准备清单

1. 材料准备

名称	规格	数量	要求
锻钢或45钢	$\phi 50 \times 135$	1根/每位考生	

2. 设备准备

名称	规格	数量	要求
普通车床	CA6140	1人/台	
卡盘扳手	相应车床	1副/每台车	
刀架扳手	相应车床	1副/每台车	

说明：可结合实际情况，选择其他型号的车床。如云南、大连车床等。

3. 工、刃、量、辅具准备

序号	名称	型号	数量	要求
1	45°外圆车刀	相应车床	自定	
2	90°外圆车刀	相应车床	自定	
3	切槽刀	$S=4$，$L=55$	自定	
4	外三角形螺纹车刀	$P=2$	自定	
5	游标卡尺	$0.02/0\sim200$	1把	
6	深度尺	$0.02/0\sim200$	1把	
7	外径千分尺	$0.01/0\sim25$	各1把	
8	外径千分尺	$0.01/25\sim50$	各1把	
9	螺纹环规或螺纹千分尺	$M24\times2-6\,g$	1套	
10	常用工具		自定	

三、评分标准

序号	考核项目	考核内容及要求		配分	评分标准	检测结果	扣分	得分
1	外圆	$\phi48_{-0.025}^{0}$	IT	5	超差0.01扣2分			
			Ra	2	降一级扣1分			
		$\phi40_{-0.03}^{0}$	IT	5	超差0.01扣2分			
			Ra	2	降一级扣1分			
		$\phi38_{-0.025}^{0}$	IT	5	超差0.01扣2分			
			Ra	2	降一级扣1分			
		$\phi30_{-0.025}^{0}$	IT	5	超差0.01扣2分			
			Ra	2	降一级扣1分			
		$\phi28_{-0.025}^{0}$	IT	5	超差0.01扣2分			
			Ra	2	降一级扣1分			
		$\phi22_{-0.05}^{0}$	IT	5	超差0.01扣2分			
			Ra	2	降一级扣1分			

续表

序号	考核项目	考核内容及要求		配分	评分标准	检测结果	扣分	得分
2	外螺纹	M24－6 g	尺寸与牙型	6	不合格不得分			
			Ra	2	降级不得分			
3	外锥	1∶5（±4′）	IT	9	超差2′扣4分			
			Ra	2	降一级扣1分			
4	长度	25 ± 0.1	IT	4	超差不得分			
		$15^{+0.05}_{0}$	IT	4	超差不得分			
		35 ± 0.1	IT	4	超差不得分			
		25 ± 0.1	IT	4	超差不得分			
		128 ± 0.1	IT	4	超差不得分			
5	槽宽	5×2	IT	2	超差不得分			
6	未注公差	10、3、10	IT	3	超差不得分			
7	倒角	共4处		4	每处2分，超差不得分			
8	同轴度	0.05	IT	5	超差0.01扣2分			
9	安全文明生产	（1）刀具、工具、量具的放置； （2）正确使用量具； （3）卫生、设备保养； （4）发生重大安全事故、严重违反操作规程者，取消考试		5	每违反一条酌情扣1分，扣完为止			
10	其他项目	发生重大事故（人身和设备安全事故等）、严重违反工艺原则和情节严重的野蛮操作等，由监考人决定取消其实操考核资格						

监考人：　　　　　　检验员：　　　　　　考评员：

普通车工操作技能测试题二

一、加工图纸要求。

按照下图要求完成零件加工。

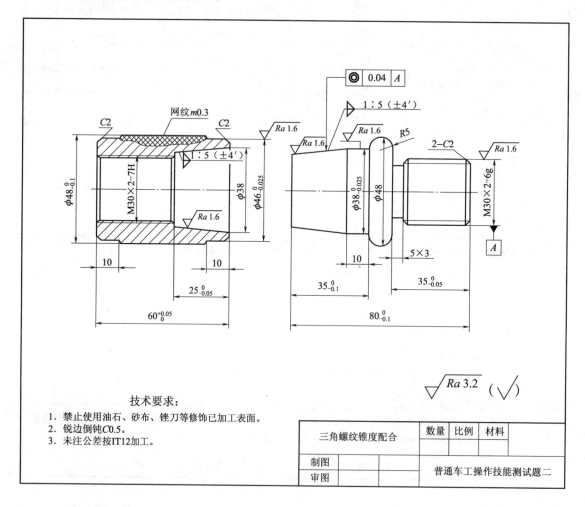

技术要求：
1. 禁止使用油石、砂布、锉刀等修饰已加工表面。
2. 锐边倒钝C0.5。
3. 未注公差按IT12加工。

三角螺纹锥度配合		数量	比例	材料	
制图				普通车工操作技能测试题二	
审图					

二、准备清单

1. 材料准备

名称	规格	数量	要求
锻钢或45钢	$\phi50 \times 150$	1根/每位考生	

2．设备准备

名称	规格	数量	要求
普通车床	CA6140	1人/台	
卡盘扳手	相应车床	1副/每台车	
刀架扳手	相应车床	1副/每台车	

说明：可结合实际情况，选择其他型号的车床。如云南、大连车床等。

3．工、刃、量、辅具准备

序号	名称	型号	数量	要求
1	45°外圆车刀	相应车床	自定	
2	90°外圆车刀	相应车床	自定	
3	切槽刀	$S=4$，$L=55$	自定	
4	圆头车刀	$R=3$	自定	
5	内外三角形螺纹车刀	$P=2$	自定	
6	内孔车刀	相应车床	自定	
7	切断刀	相应车床	自定	
8	滚花刀	$m0.3$	自定	
9	游标卡尺	0.02/0~200	1把	
10	深度尺	0.02/0~200	1把	
11	外径千分尺	0.01/25~50	各1把	
12	圆弧样板	$R1~R35$	1套	
13	万能角度尺	0~320	1把	
14	螺纹环规或螺纹千分尺	M30×2-6g	1套	
15	钻头	$\phi26$	1个	
16	常用工具		自定	

三、评分标准

序号	考核项目	考核内容及要求		配分	评分标准	检测结果	扣分	得分
1	外圆	$\phi46_{-0.025}^{0}$	IT	10	超差0.01扣2分			
			Ra	2	降一级扣1分			
		$\phi38_{-0.025}^{0}$	IT	5	超差0.01扣2分			
			Ra	2	降一级扣1分			
2	成形面	$R5$	IT	5	超差不得分			
			Ra	2	降一级扣1分			

序号	考核项目	考核内容及要求		配分	评分标准	检测结果	扣分	得分
3	外螺纹	M30×2-6 g	尺寸与牙型	8	不合格不得分			
			Ra	2	降级不得分			
4	内螺纹	M30×2-7H	尺寸与牙型	6	不合格不得分			
			Ra	2	降级不得分			
5	外锥	1:5（±4′）	IT	4	超差2′扣2分			
			Ra	2	降一级扣1分			
6	内锥	1:5（±4′）	IT	4	超差2′扣2分			
			Ra	2	降一级扣1分			
7	长度	$35_{-0.1}^{0}$	IT	4	超差不得分			
		$35_{-0.05}^{0}$	IT	4	超差不得分			
		$80_{-0.1}^{0}$	IT	4	超差不得分			
		$25_{-0.05}^{0}$	IT	4	超差不得分			
		$60_{0}^{+0.05}$	IT	4	超差不得分			
8	滚花	$\phi48_{-0.1}^{0}$	IT	2	超差不得分			
		m0.3	IT	2	超差不得分			
9	槽宽	5×3	IT	2	超差不得分			
10	倒角	共8处		4	每处0.5分，超差不得分			
11	同轴度	0.04		4	超差0.01扣2分			
12	未注公差	10、10、ϕ38、10、ϕ48		5	每处1分，超差不得分			
13	安全文明生产	（1）工件装夹、刀具安装规范；（2）正确使用量具；（3）卫生、设备保养；（4）发生重大安全事故、严重违反操作规程者，取消考试		5	每违反一条酌情扣1分，扣完为止			
14	其他项目	发生重大事故（人身和设备安全事故等）、严重违反工艺原则和情节严重的野蛮操作等，由监考人决定取消其实操考核资格						

监考人：　　　　　　　检验员：　　　　　　　考评员：

普通车工操作技能测试题三

一、加工图纸要求。

按照下图要求完成零件加工。

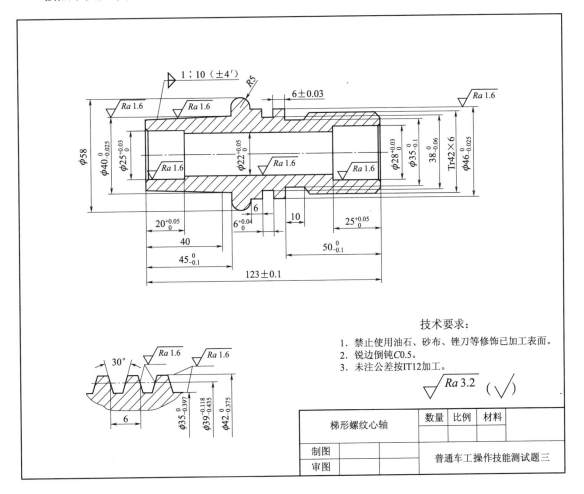

技术要求:
1. 禁止使用油石、砂布、锉刀等修饰已加工表面。
2. 锐边倒钝C0.5。
3. 未注公差按IT12加工。

$\sqrt{Ra\,3.2}$ ($\sqrt{}$)

梯形螺纹心轴		数量	比例	材料
制图				
审图		普通车工操作技能测试题三		

二、准备清单

1. 材料准备

名称	规格	数量	要求
锻钢或45钢	$\phi 60 \times 128$	1根/每位考生	

2. 设备准备

名称	规格	数量	要求
普通车床	CA6140	1 人/台	
卡盘扳手	相应车床	1 副/每台车	
刀架扳手	相应车床	1 副/每台车	

说明：可结合实际情况，选择其他型号的车床。如云南、大连车床等。

3. 工、刃、量、辅具准备

序号	名称	型号	数量	要求
1	45°外圆车刀	相应车床	自定	
2	90°外圆车刀	相应车床	自定	
3	切槽刀	$S=4$，$L=55$	自定	
4	圆头车刀	$R=3$	自定	
5	外梯形螺纹车刀	$P=6$	自定	
6	内孔车刀	相应车床	自定	
7	游标卡尺	0.02/0～200	1 把	
8	深度尺	0.02/0～200	1 把	
9	外径千分尺	0.01/25～50	各 1 把	
10	内径百分表	0.01/18～35	各 1 支	
11	圆弧样板	$R1～R35$	1 套	
12	万能角度尺	0～320	1 把	
13	公法线千分尺	0.01/25～50	1 把	
14	三针	3.17	1 套	
15	钻头	$\phi18$	1 个	
16	常用工具		自定	

三、评分标准

序号	考核项目	考核内容及要求		配分	评分标准	检测结果	扣分	得分
1	外圆	$\phi46_{-0.025}^{\ 0}$	IT	4	超差 0.01 扣 2 分			
			Ra	2	降一级扣 1 分			
		$\phi40_{-0.025}^{\ 0}$	IT	4	超差 0.02 扣 2 分			
			Ra	2	降一级扣 1 分			

序号	考核项目	考核内容及要求		配分	评分标准	检测结果	扣分	得分
1	外圆	$\phi38_{-0.06}^{0}$	IT	4	超差 0.02 扣 2 分			
		$\phi35_{-0.1}^{0}$	IT	4	超差 0.02 扣 2 分			
2	内孔	$\phi28_{0}^{+0.03}$	IT	4	超差 0.02 扣 2 分			
			Ra	2	降一级扣 1 分			
		$\phi25_{0}^{+0.03}$	IT	4	超差 0.02 扣 2 分			
			Ra	2	降一级扣 1 分			
		$\phi22_{0}^{+0.05}$	IT	4	超差 0.02 扣 2 分			
			Ra	2	降一级扣 1 分			
4	成形面	R5	IT	4	超差不得分			
			Ra	2	降一级扣 1 分			
5	外梯形螺纹	Tr42×6	$\phi42_{-0.375}^{0}$	2	超差 0.02 扣 1 分			
			$\phi39_{-0.435}^{-0.118}$	6	超差不得分			
			$\Phi35_{-0.397}^{0}$	2	超差 0.02 扣 1 分			
			Ra	5	降级不得分			
			牙型角	2	超差不得分			
6	外锥	1:10（±4′）	IT	5	超差不得分			
			Ra	2	降一级扣 1 分			
7	长度	$6_{0}^{+0.04}$	IT	3	超差不得分			
		$20_{0}^{+0.05}$	IT	3	超差不得分			
		$45_{-0.1}^{0}$	IT	3	超差不得分			
		$50_{-0.1}^{0}$	IT	3	超差不得分			
		$25_{0}^{+0.05}$	IT	3	超差不得分			
		$6_{0}^{+0.04}$	IT	3	超差不得分			
		123 ± 0.1	IT	3	超差不得分			
8	倒角	共 4 处		2	每处 0.5 分，超差不得分			
9	未注公差	40、6、10、$\phi58$		4	每处 1 分，超差不得分			

序号	考核项目	考核内容及要求	配分	评分标准	检测结果	扣分	得分
10	安全文明生产	（1）刀具、工具、量具的放置； （2）正确使用量具； （3）卫生、设备保养； （4）发生重大安全事故、严重违反操作规程者，取消考试	5	每违反一条酌情扣1分，扣完为止			
11	其他项目	发生重大事故（人身和设备安全事故等）、严重违反工艺原则和情节严重的野蛮操作等，由监考人决定取消其实操考核资格					

监考人：	检验员：	考评员：

普通车工操作技能测试题四

一、加工图纸要求

按照下图要求完成零件加工。

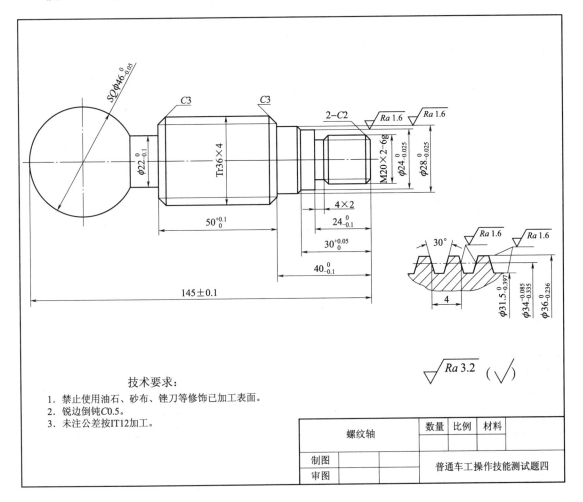

技术要求:
1. 禁止使用油石、砂布、锉刀等修饰已加工表面。
2. 锐边倒钝C0.5。
3. 未注公差按IT12加工。

螺纹轴		数量	比例	材料
制图				
审图		普通车工操作技能测试题四		

二、准备清单

1. 材料准备

名称	规格	数量	要求
锻钢或45钢	$\phi 50 \times 150$	1根/每位考生	

2．设备准备

名称	规格	数量	要求
普通车床	CA6140	1人/台	
卡盘扳手	相应车床	1副/每台车	
刀架扳手	相应车床	1副/每台车	

说明：可结合实际情况，选择其他型号的车床。如云南、大连车床等。

3．工、刃、量、辅具准备

序号	名称	型号	数量	要求
1	45°外圆车刀	相应车床	自定	
2	90°外圆车刀	相应车床	自定	
3	切槽刀	$S=4$，$L=55$	自定	
4	圆头车刀	$R=3$	自定	
5	外梯形螺纹车刀	$P=4$	自定	
6	外三角形螺纹车刀	$P=2$	自定	
7	游标卡尺	$0.02/0\sim200$	1把	
8	深度尺	$0.02/0\sim200$	1把	
9	外径千分尺	$0.01/0\sim25$	各1把	
10	外径千分尺	$0.01/25\sim50$	各1把	
11	螺纹环规或螺纹千分尺	$M20\times2-6g$	1套	
12	圆弧样板	$R1\sim R35$	1套	
13	公法线千分尺	$0.01/25\sim50$	1把	
14	三针	2.05	1套	
15	常用工具		自定	

三、评分标准

序号	考核项目	考核内容及要求		配分	评分标准	检测结果	扣分	得分
1	外圆	$\phi28_{-0.025}^{0}$	IT	5	超差0.01扣2分			
			Ra	2	降一级扣1分			
		$\phi24_{-0.025}^{0}$	IT	5	超差0.01扣2分			
			Ra	2	降一级扣1分			
		$\phi22_{-0.1}^{0}$	IT	5	超差0.01扣2分			

序号	考核项目	考核内容及要求		配分	评分标准	检测结果	扣分	得分
2	成形面	$SQ\phi46_{-0.05}^{0}$	IT	6	超差不得分			
			Ra	2	降一级扣1分			
3	外螺纹	$M20 \times 2 - 6\,g$	尺寸与牙型	8	不合格不得分			
			Ra	2	降级不得分			
4	外梯形螺纹	$Tr36 \times 4$	$\phi36_{-0.236}^{0}$	4	超差0.01扣1分			
			$\phi34_{-0.335}^{-0.085}$	10	超差不得分			
			$\phi31.5_{-0.397}^{0}$	4	超差0.01扣2分			
			Ra	4	降级不得分			
			牙型角	2	超差不得分			
5	长度	$24_{-0.1}^{0}$	IT	5	超差不得分			
		$40_{-0.1}^{0}$	IT	5	超差不得分			
		$30_{0}^{+0.05}$	IT	5	超差不得分			
		$50_{0}^{+0.1}$	IT	5	超差不得分			
		145 ± 0.1	IT	5	超差不得分			
6	槽宽	4×2	IT	4	超差不得分			
7	倒角	共10处		5	每处0.5分，超差不得分			
8	安全文明生产	（1）刀具、工具、量具的放置； （2）工件装夹、刀具安装规范； （3）正确使用量具； （4）卫生、设备保养； （5）发生重大安全事故、严重违反操作规程者，取消考试		5	每违反一条酌情扣1分，扣完为止			
9	其他项目	发生重大事故（人身和设备安全事故等）、严重违反工艺原则和情节严重的野蛮操作等，由监考人决定取消其实操考核资格						

监考人：	检验员：	考评员：

普通车工操作技能测试题五

一、加工图纸要求

按照下图要求完成零件加工

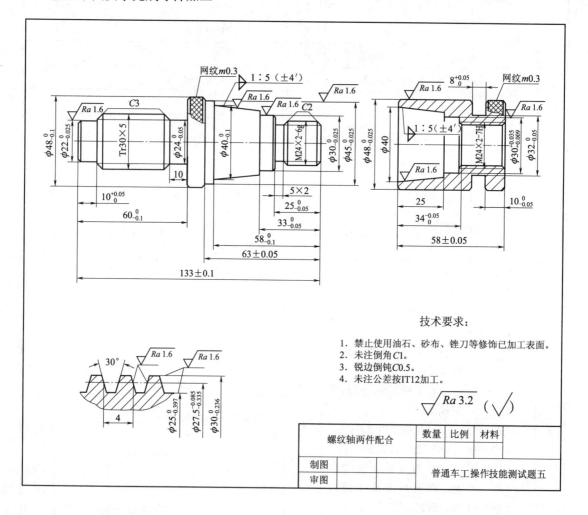

技术要求：

1. 禁止使用油石、砂布、锉刀等修饰已加工表面。
2. 未注倒角C1。
3. 锐边倒钝C0.5。
4. 未注公差按IT12加工。

螺纹轴两件配合	数量	比例	材料
制图			普通车工操作技能测试五
审图			

二、准备清单

1. 材料准备

名称	规格	数量	要求
锻钢或45钢	$\phi 50 \times 210$	1根/每位考生	

2. 设备准备

名称	规格	数量	要求
普通车床	CA6140	1人/台	
卡盘扳手	相应车床	1副/每台车	
刀架扳手	相应车床	1副/每台车	

说明：可结合实际情况，选择其他型号的车床。如云南、大连车床等。

3. 工、刃、量、辅具准备

序号	名称	型号	数量	要求
1	45°外圆车刀	相应车床	自定	
2	90°外圆车刀	相应车床	自定	
3	切槽刀	$S=4$，$L=55$	自定	
5	内外三角形螺纹车刀	$P=2$	自定	
6	外梯形螺纹车刀	$P=5$	自定	
7	内孔车刀	相应车床	自定	
8	切断刀	相应车床	自定	
9	滚花刀	$m0.3$	自定	
10	游标卡尺	$0.02/0 \sim 200$	1把	
11	深度尺	$0.02/0 \sim 200$	1把	
12	外径千分尺	$0.01/0 \sim 25$	各1把	
13	外径千分尺	$0.01/25 \sim 50$	各1把	
14	内径百分表	$0.01/18 - 35$	各1支	
15	公法线千分尺	$0.01/25 \sim 50$	各1把	
16	万能角度尺	$0 \sim 320$	1把	
17	螺纹环规或螺纹千分尺	$M24 \times 2 - 6 g$	1套	
18	钻头	$\phi20$	1个	
19	常用工具		自定	

三、评分标准

序号	考核项目	考核内容及要求		配分	评分标准	检测结果	扣分	得分
1	外圆	$\phi 45_{-0.025}^{0}$	IT	3	超差 0.01 扣 1 分			
			Ra	1	降级全扣			
		$\phi 48_{-0.025}^{0}$	IT	3	超差 0.01 扣 1 分			
			Ra	1	降级无分			
		$\phi 30_{-0.025}^{0}$	IT	3	超差 0.01 扣 1 分			
			Ra	1	降级无分			
		$\phi 22_{-0.025}^{0}$	IT	3	超差 0.01 扣 1 分			
			Ra	1	降级无分			
		$\phi 24_{-0.05}^{0}$	IT	3	超差 0.01 扣 1 分			
		$\phi 32_{-0.05}^{0}$	IT	3	超差 0.01 扣 1 分			
		$\phi 40_{-0.1}^{0}$	IT	3	超差全扣			
2	内孔	$\phi 30_{+0.009}^{+0.035}$	IT	3	超差不得分			
			Ra	1	降级无分			
3	外螺纹	$M24 \times 2 - 6\,g$	尺寸与牙型	3	不合格不得分			
			Ra	2	降级无分			
4	内螺纹	$M24 \times 2 - 7\,H$	尺寸与牙型	3	不合格不得分			
			Ra	2	降级无分			
5	外梯形螺纹	$Tr30 \times 5$	$\phi 30_{-0.236}^{0}$	2	超差不得分			
			$\phi 27.5_{-0.335}^{-0.085}$	4	超差不得分			
			$\phi 25_{-0.397}^{0}$	2	超差不得分			
			Ra	4	降级无分			
			牙型角	1	超差不得分			
6	外锥	$1:5\ (\pm 4')$	IT	4	超差不得分			
			Ra	2	降级无分			
7	内锥	$1:5\ (\pm 4')$	IT	4	超差不得分			
			Ra	2	降级无分			

续表

序号	考核项目	考核内容及要求		配分	评分标准	检测结果	扣分	得分
8	长度	$10^{+0.05}_{0}$	IT	2	超差不得分			
		$60^{0}_{-0.1}$	IT	2	超差不得分			
		$25^{0}_{-0.05}$	IT	2	超差不得分			
		$33^{0}_{-0.05}$	IT	2	超差不得分			
		$58^{0}_{-0.1}$	IT	2	超差不得分			
		63 ± 0.05	IT	2	超差不得分			
		133 ± 0.1	IT	2	超差不得分			
		$8^{+0.05}_{0}$	IT	2	超差不得分			
		$10^{0}_{-0.05}$	IT	2	超差不得分			
		$34^{+0.05}_{0}$	IT	2	超差不得分			
		58 ± 0.05	IT	2	超差不得分			
9	滚花	$2\times\phi48^{0}_{-0.1}$	IT	2	超差不得分			
		$2\times m0.3$	IT	2	超差不得分			
10	槽宽	5×2	IT	1	超差不得分			
11	倒角	共14处		3	不符合要求无分			
12	未注公差	10、25		1	超差不得分			
13	安全文明生产	（1）刀具、工具、量具的放置；（2）工件装夹、刀具安装规范；（3）正确使用量具；（4）卫生、设备保养；（5）发生重大安全事故、严重违反操作规程者，取消考试		5	每违反一条酌情扣1分，扣完为止			
14	其他项目	发生重大事故（人身和设备安全事故等）、严重违反工艺原则和情节严重的野蛮操作等，由监考人决定取消其实操考核资格						

监考人：　　　　　检验员：　　　　　考评员：

普通车工操作技能测试题六

一、加工图纸要求。

按照下图要求完成零件加工。

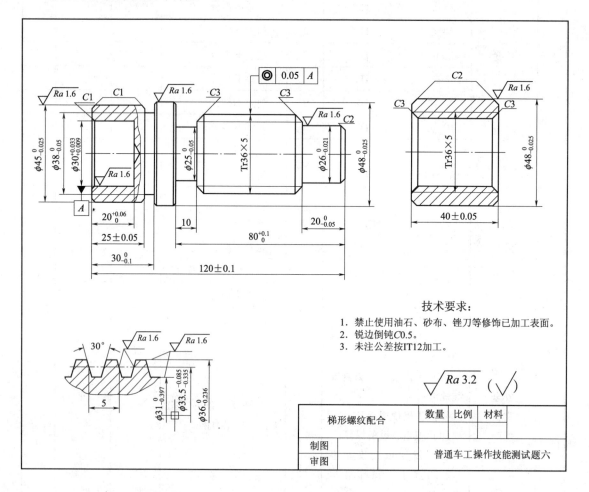

技术要求：
1. 禁止使用油石、砂布、锉刀等修饰已加工表面。
2. 锐边倒钝C0.5。
3. 未注公差按IT12加工。

$\sqrt{Ra\,3.2}$ ($\sqrt{}$)

梯形螺纹配合	数量	比例	材料
制图			普通车工操作技能测试题六
审图			

二、准备清单

1. 材料准备

名称	规格	数量	要求
锻钢或45钢	$\phi50 \times 170$	1根/每位考生	

2. 设备准备

名称	规格	数量	要求
普通车床	CA6140	1 人/台	
卡盘扳手	相应车床	1 副/每台车	
刀架扳手	相应车床	1 副/每台车	

说明：可结合实际情况，选择其他型号的车床。如云南、大连车床等。

3. 工、刃、量、辅具准备

序号	名称	型号	数量	要求
1	45°外圆车刀	相应车床	自定	
2	90°外圆车刀	相应车床	自定	
3	切槽刀	$S=4$，$L=55$	自定	
6	内外梯形螺纹车刀	$P=5$	自定	
7	内孔车刀	相应车床	自定	
8	切断刀	相应车床	自定	
9	游标卡尺	$0.02/0 \sim 300$	1 把	
10	外径千分尺	$0.01/25 \sim 50$	各 1 把	
11	内径千分尺	$0.01/25 \sim 50$	各 1 把	
12	公法线千分尺	$0.01/25 \sim 50$	各 1 把	
13	钻头	$\phi 26$	1 把	
14	常用工具		自定	

三、评分标准

序号	考核项目	考核内容及要求		配分	评分标准	检测结果	扣分	得分
1	外圆	$\phi 45_{-0.025}^{0}$	IT	4	超差 0.01 扣 2 分			
			Ra	2	降一级扣 1 分			
		$\phi 48_{-0.025}^{0}$	IT	4	超差 0.01 扣 2 分			
			Ra	2	降一级扣 1 分			
		$\phi 26_{-0.021}^{0}$	IT	4	超差 0.01 扣 2 分			
			Ra	2	降一级扣 1 分			
		$\phi 25_{-0.05}^{0}$	IT	4	超差 0.01 扣 2 分			
			IT	4	超差 0.01 扣 2 分			
		$\phi 38_{-0.05}^{0}$	IT	4	超差 0.01 扣 2 分			
		$\phi 48_{-0.025}^{0}$	Ra	2	降一级扣 1 分			

续表

序号	考核项目	考核内容及要求		配分	评分标准	检测结果	扣分	得分
2	内孔	$\phi30^{+0.033}_{+0.009}$	IT	4	超差不得分			
			Ra	2	降一级扣1分			
3	外梯形螺纹	Tr36×5	$\phi36^{\ 0}_{-0.236}$	2	超差0.01扣2分			
			$\phi33.5^{-0.085}_{-0.335}$	7	超差不得分			
			$\phi31^{\ 0}_{-0.397}$	2	超差不得分			
			Ra	4	降级不得分			
			牙型角	2	超差不得分			
4	内梯形螺纹	Tr36×5	尺寸与牙型	7	不合格不得分			
			Ra	4	降级不得分			
5	长度	$20^{+0.06}_{0}$	IT	3	超差不得分			
		25 ± 0.05	IT	3	超差不得分			
		$30^{\ 0}_{-0.1}$	IT	3	超差不得分			
		$20^{\ 0}_{-0.05}$	IT	3	超差不得分			
		$80^{+0.1}_{0}$	IT	3	超差不得分			
		120 ± 0.1	IT	3	超差不得分			
		40 ± 0.05	IT	3	超差不得分			
6	倒角	共12处		6	每处0.05分，超差不得分			
7	未注公差	10		2	超差不得分			
8	安全文明生产	（1）刀具、工具、量具的放置； （2）工件装夹、刀具安装规范； （3）正确使用量具； （4）卫生、设备保养； （5）发生重大安全事故、严重违反操作规程者，取消考试		5	每违反一条酌情扣1分，扣完为止			
9	其他项目	发生重大事故（人身和设备安全事故等）、严重违反工艺原则和情节严重的野蛮操作等，由监考人决定取消其实操考核资格						

监考人：	检验员：	考评员：

普通车工应知测试题

普通车工应知测试题一

注 意 事 项

1. 本试卷依据 2001 年颁布的《车工》国家职业标准命制，考试时间：60 分钟。
2. 请在试卷标封处填写姓名、准考证号和所在单位的名称。
3. 请仔细阅读答题要求，在规定位置填写答案。

题型	一	二	总分
得分			

得分	
评分人	

一、单项选择题（第 1 题～第 60 题。选择一个正确的答案，将相应的字母填入题内的括号中。每题 1 分，满分 60 分。）

1. 社会主义道德建设的基本要求是（　　　）。
A. 爱祖国、爱人民、爱劳动、爱科学、爱社会主义
B. 仁、义、礼、智、信
C. 心灵美、语言美、行为美、环境美
D. 树立正确的世界观、人生观、价值观

2. 下列尺寸公差注法正确的是（　　　）。
A. $\phi 65 K6{}^{+0.021}_{+0.002}$　　　B. $\phi 65{}^{-0.03}_{-0.01}$　　　C. $\phi 50{}^{+0.015}_{+0.010}$　　　D. $\phi 50{}^{+0.015}_{-0.010}$

3. 卧式车床的工作精度检验项目主要有（　　　）种。
A. 2　　　　　　B. 3　　　　　　C. 4　　　　　　D. 5

4. 图样中标注的螺纹长度均指（　　　）。
A. 包括螺尾在内的有效螺纹长度　　　B. 不包括螺尾在内的有效螺纹长度
C. 包括螺尾在内的螺纹总长度　　　　D. 不包括螺尾在内的完整螺纹长度

5. 关于表面粗糙度下列说法中错误的是（　　　）。

A. 提高零件的表面粗糙度，可以提高间隙配合的稳定性

B. 零件表面越粗糙，越容易被腐蚀

C. 降低表面粗糙度值，可以提高零件的密封性能

D. 零件的表面粗糙度值越小，则零件的质量、性能就越好

6. 加工轴类零件时，常用两个中心孔作为（   ）。

A. 粗基准 B. 粗基准、精基准

C. 装配基准 D. 定位基准、测量基准

7. 车削工件，当工件上缠绕铁屑时，可以（   ）进行清理。

A. 用游标卡尺 B. 用铁钩 C. 用垫刀片 D. 戴好手套

8. 径向圆跳动的公差带形状为（   ）。

A. 球形 B. 圆柱形 C. 同心圆环形 D. 两平面间距离

9. （   ）一般用于高压大流量的液压系统。

A. 单作用式叶片泵 B. 双作用式叶片泵

C. 齿轮泵 D. 柱塞泵

10. 轴在90°V形块上的基准位移误差计算公式为 $\Delta W =$（   ）。

A. 0.707Ts B. 0.578Ts C. 0.866Ts D. 0.518Ts

11. 下列一组公差带代号，哪一个可与基准轴 $\phi50\ h7$ 形成过盈配合？（   ）

A. $\phi50F8$ B. $\phi50H8$ C. $\phi50K8$ D. $\phi50S8$

12. 若 ES = es，则此配合是（   ）。

A. 间隙配合 B. 过渡配合

C. 过盈配合 D. 过渡配合或过盈配合

13. 定位公差综合控制被测要素的（   ）。

A. 形状误差 B. 方向误差

C. 形状、方向和位置误差 D. 方向和位置误差

14. 径向圆跳动的公差带形状为（   ）。

A. 球形 B. 圆柱形

C. 同心圆环形 D. 两平面间距离

15. 工件的定位是使工件的（   ）基准获得确定位置。

A. 工序 B. 测量 C. 定位 D. 辅助

16. 定位公差综合控制被测要素的（   ）。

A. 形状误差 B. 方向误差

C. 形状、方向和位置误差 D. 方向和位置误差

17. 在凸轮机构的从动件选用等速运动规律时，其从动件的运动（   ）。

A. 将产生刚性冲击 B. 将产生柔性冲击

C. 没有冲击 D. 既有刚性冲击又有柔性冲击

18. 曲轴的直径较大或曲柄颈偏心距较小，有条件有两端面上打主轴颈及曲柄颈中心孔的工件，可采用（   ）装夹车削。

A. 两顶尖 B. 偏心卡盘 C. 专用偏心夹具 D. 偏心夹板

19. 带传动的主要失效形式是带的（   ）。

A. 疲劳拉断和打滑　　　　　　　　B. 磨损和胶合
C. 胶合和打滑　　　　　　　　　　D. 磨损和疲劳点蚀

20. 遵循互为基准原则可以使（　　　）。

A. 生产率提高　　　B. 费用减少　　　C. 位置精度提高　　　D. 劳动强度降低

21. 车刀有轻微磨损后需不需要及时刃磨。（　　　）

A. 不需要　　　　　　　　　　　　B. 需要
C. 随便　　　　　　　　　　　　　D. 尽可能多用一会儿

22. 当系统的工作压力较高时，宜选用（　　　）。

A. 黏度高的液压油　　　　　　　　B. 黏度低的液压油
C. 较稀的液压油　　　　　　　　　D. 流动性好的液压油

23. 在连杆的加工中，下列选项中作为辅助基准的是（　　　）。

A. 大头孔　　　　　　　　　　　　B. 小头孔
C. 大小头处的工艺凸台　　　　　　D. 杆身

24. 用三坐标测量机测量时，被测要素的测点数目一般不超过（　　　）点。

A. 50　　　　　　B. 100　　　　　　C. 500　　　　　　D. 1 000

25. 职业道德可以用条例、章程、守则制度、公约等形式来规定，这些规定具体实用、简便易行。这一特点指的是（　　　）。

A. 职业道德的行为性　　　　　　　B. 职业道德的时代性
C. 职业道德的广泛性　　　　　　　D. 职业道德的实用性

26. CA6140 型车卧式床主轴正转速度范围为（　　　）r/min。

A. 12～1 200　　　B. 10～1 400　　　C. 15～1 500　　　D. 18～1 700

27. 组合件中，基准零件有螺纹配合，加工时螺纹的中径尺寸对于内螺纹应控制在（　　　）尺寸范围。

A. 最小极限　　　B. 最大极限　　　C. 公差　　　　　D. 公差的一半

28. 高速钢车刀刃磨时可以变色吗？（　　　）

A. 不能　　　　　　B. 能　　　　　　C. 可以有少量　　　D. 影响不大

29. 车削时产生积屑瘤和（　　　）有关。

A. 切削速度　　　　　　　　　　　B. 切削深度
C. 走刀速度　　　　　　　　　　　D. 车刀几何角度

30. 螺纹的综合测量应使用（　　　）量具。

A. 螺纹千分尺　　　B. 游标卡尺　　　C. 螺纹量规　　　D. 齿轮卡尺

31. 采用 90°车刀粗车细长轴，安装车刀时刀尖应（　　　）工件轴线，以增加切削的平稳性。

A. 对准　　　　　　B. 严格对准　　　C. 略高于　　　　D. 略低于

32. 按工艺过程的不同来划分夹具，（　　　）不属于这一概念范畴。

A. 机床夹具　　　B. 检验夹具　　　C. 专用夹具　　　D. 装配夹具

33. 用高速钢车刀精度较高的螺纹时，其纵向前角应为（　　　），才能车出较正确的牙型。

A. 正值　　　　　　B. 负值　　　　　　C. 零值　　　　　D. 正负值均可

34. 有一种双升角的楔块，升角较小的斜面部分起自锁作用，升角大的部分的作用是（   ）。

    A. 使夹紧机构行程增大　　　　　　　B. 增大夹紧力

    C. 自锁　　　　　　　　　　　　　　D. 使操作方便

35. 用符合光滑极限量规标准的量规检验工件时，如有争议，使用的止规尺寸应更接近工件的（   ）。

    A. 最大极限尺寸　　　　　　　　　　B. 最小极限尺寸

    C. 最大实体尺寸　　　　　　　　　　D. 最小实体尺寸

36. 加工梯形螺纹长丝杠时，精车刀的刀尖角应等于牙型角，刀具半角 $\alpha/2$ 的误差应保持在半角允差的（   ）范围内。

    A. $1/2\sim1/3$　　　B. $1/3\sim1/4$　　　C. $1/4\sim1/5$　　　D. $1/5\sim1/6$

37. 检验尾座套筒锥孔时，使用（   ）测量。

    A. 锥度塞规　　　B. 万能角度尺　　　C. 样板　　　D. 锥度套规

38. 为保证零件具有互换性，应对其尺寸规定一个允许变动的范围，允许尺寸的（   ）称为尺寸公差。

    A. 变化　　　B. 改变　　　C. 配合　　　D. 变动量

39. 当轴的转速较低，且只承受较大的径向载荷时，宜选用（   ）。

    A. 深沟球轴承　　　　　　　　　　B. 推力球轴承

    C. 圆柱滚子轴承　　　　　　　　　D. 圆锥滚子轴承

40. 车削平面螺纹，当车床主轴带动工件转一转时，刀架带着车刀必须（   ）移动一个螺距。

    A. 纵向　　　B. 横向　　　C. 斜向　　　D. 纵横向均可

41. 用锉刀修整成形面时，工件余量不宜太大，一般为（   ）左右。

    A. 0.1 mm　　　B. 0.01 mm　　　C. 0.2 mm　　　D. 0.02 mm

42. 镗孔前选用镗刀时，要根据孔径大小、孔深来选择镗刀的（   ）。

    A. 刀杆截面积　　　B. 刀杆长度　　　C. 材料　　　D. A 和 B

43. （   ）全面系统地反映了我国现阶段的职业分类情况。

    A.《国际标准职业分类》　　　　　B.《职业分类和代码》

    C.《中华人民共和国职业分类大典》　D.《加拿大职业分类词典》

44. 在机件的三视图中，三视图的尺寸关系应为（   ）。

    A. 长相等　　　B. 高平齐　　　C. 宽不等　　　D. 高相等

45. 确定尺寸精确程度的标准公差等级共有（   ）个。

    A. 12　　　B. 16　　　C. 18　　　D. 20

46. 滚动轴承外圈与基本偏差为 H 的外壳孔形成（   ）配合。

    A. 间隙　　　B. 过盈　　　C. 过渡　　　D. 都有可能

47. 车蜗杆时，背吃刀量过大，会产生"啃刀"现象，所以在车削过程中，应控制切削用量，防止（   ）。

    A. 啃刀　　　B. 扎刀　　　C. 加工硬化　　　D. 事故发生

48. 矩形花键连接采用的基准制是（   ）。

A. 基轴制   B. 基孔制

C. 非基准制   D. 基孔制或基轴制

49. 法向直廓蜗杆时，刀头必须倾斜，如采用（　　）刀排最为理想。

A. 可调   B. 可回转   C. 机夹   D. 楔形

50. 在四杆机构中，如果杆件只能做来回摆动，则称为（　　）。

A. 连杆   B. 摇杆   C. 曲柄   D. 机架

51. 直径 d 的麻花钻钻孔时，背吃刀量为（　　）。

A. $a_p = d$ B. $a_p = d/2$ C. $a_p = 1.5d$ D. $a_p = 2d$

52. 零件渗碳后，一般需经（　　）处理，才能达到表面高硬度及高耐磨作用。

A. 淬火 + 低温回火   B. 正火   C. 调质   D. 淬火

53. CA6140 型车卧式床上车削米制蜗杆时，交换齿轮传动比是（　　）。

A. 63:75   B. 64:97   C. 63:97   D. 64:75

54. 形成齿轮渐开线的圆是（　　）。

A. 分度圆   B. 齿顶圆   C. 基圆   D. 节圆

55. 粗车蜗杆时，使蜗杆牙型基本成形，精车时，保证齿形螺距和（　　）尺寸。

A. 角度   B. 公差   C. 法向齿厚   D. 直径

56. 标准压力角和标准模数均在（　　）上。

A. 分度圆   B. 基圆   C. 齿根圆   D. 齿顶圆

57. 钢调质处理就是（　　）的热处理。

A. 淬火 + 低温回火   B. 淬火 + 中温回火

C. 淬火 + 高温回火   D. 淬火

58. 调速阀是由节流阀和（　　）串联而成的组合阀。

A. 溢流阀   B. 减压阀   C. 单向阀   D. 顺序阀

59. 现有这样一种定位方式，前端用三爪卡盘夹持部分较长，后端、顶尖顶入中心孔，这种定位方式（　　）。

A. 不存在过定位   B. 是完全定位

C. 存在过定位   D. 不能肯定是什么定位方式

60. 法向装刀车蜗杆时，牙侧在蜗杆轴线剖面上为（　　）。

A. 直线   B. 曲线

C. 阿基米德螺旋线   D. 梯形

得分	
评分人	

二、**判断题**（第 61 题～第 100 题。将判断结果填入括号中，正确的填"√"，错误的填"×"。每题 1 分，满分 40 分。）

61. 职业道德素质是新时期从业人员的最基本素质，是人的全面素质的重要组成部分。

                                                       （　　）

62. 轮系传动既可用于相距较远的两轴间传动，又可获得较大的传动比。   （　　）

63. 渐开线齿轮传动具有中心距可分离的优越性。 （　　）
64. 蜗杆一般采用高速车削，分粗车和精车两个阶段。 （　　）
65. 形状公差一般用于单一要素。 （　　）
66. 光滑极限量规是一种无刻度的定值检验量具。 （　　）
67. 当加工脆性材料时，车刀前角应取较大值。 （　　）
68. 同一种钢经过热处理后，可以得到不同的机械性能。 （　　）
69. 表面粗糙度值越小，越有利于提高零件的耐磨性和抗腐蚀性。 （　　）
70. 采用基准统一原则，可减少定位误差，提高加工精度。 （　　）
71. 车刀切削部分的硬度必须大于材料的硬度。 （　　）
72. 表面热处理是改变材料表面的化学成分，从而改变钢的性能。 （　　）
73. 由于形状公差带的方向和位置均是浮动的，因而确定形状公差带的因素只有两个，即形状和大小。 （　　）
74. 蜗杆的各项参数是在法向截面内测量的。 （　　）
75. 对于薄壁套筒类工件，径向夹紧的方法比轴向夹紧好。 （　　）
76. 圆度公差的被测要素可以是圆柱面也可以是圆锥面。 （　　）
77. 有色金属材料的外圆，要求表面粗糙度小于 $Ra\,0.8\ \mu m$ 时，采用磨削加工。 （　　）
78. 量块组合时可以在两套或两套以上的量块中混选。 （　　）
79. 主轴发热是由于主轴轴承间隙过小、主轴轴承供油过小或主轴弯曲引起的。 （　　）
80. 标准模数和标准压力角保证了渐开线齿轮传动比恒定。 （　　）
81. 流量控制阀是靠改变节流口的大小来调节通过阀口的流量。 （　　）
82. 粗车刀的主偏角越小越好。 （　　）
83. 平面度公差可以用来控制平面上直线的直线度误差。 （　　）
84. 精密度和正确度高，准确度也高；反之，准确度低。 （　　）
85. 车床不发生故障，就不需要定时检查与维修。 （　　）
86. 机械加工工艺过程是由按一定顺序安排的工序组成。 （　　）
87. 图样上所标注的表面粗糙度符号、代码是指该表面完工后的要求。 （　　）
88. 车削细长轴时，由于工件刚度不足，故应取较大的主偏角，以减小背向力和振动。 （　　）
89. 齿轮精度等级的选择原则：在满足使用要求的前提下，应尽可能选择较低的公差等级。 （　　）
90. 一级保养以操作工人为主，维修人员进行配合。 （　　）
91. 指示表是利用齿轮、杠杆、弹簧等传动机构，把测量杆的微量移动转换为指针的转动，从而指示出示值的量具。 （　　）
92. 液压系统中执行元件的换向动作大都由换向阀来实现。 （　　）
93. 直线度和平面度的公差带形状是相同的。 （　　）
94. 对需要经过多次装夹或工序较多的工件，采用两顶尖装夹比一夹一顶易保证加工精度。 （　　）

95．当薄壁工件的径向和轴向的刚性都较差时，应使夹紧力的方向和切削力方向相反，以减小变形。　　　　　　　　　　　　　　　　　　　　　　　　　　　　（　　）

96．识读装配图的步骤是识读标题栏、明细表、视图配置、尺寸标注、技术要求。
　　　　　　　　　　　　　　　　　　　　　　　　　　　　　　　　　　　（　　）

97．为了提高机床的使用率，应尽量在一台机床上连续完成工件的粗、精加工。
　　　　　　　　　　　　　　　　　　　　　　　　　　　　　　　　　　　（　　）

98．当用统一标注和简化标注的方法表达表面粗糙度要求时，其符号、代号和说明文字的高度均应是图形上其他表面所注代号和文字的 1.4 倍。　　　　　　（　　）

99．减小车刀的主偏角，会使背向力减小、进给力增大。　　　　　　　　（　　）

100．车削外圆时，在工件毛坯确定的情况下，基本时间 t_m 与进给量 f 成正比。（　　）

普通车工应知测试题二

注 意 事 项

1. 本试卷依据 2001 年颁布的《车工》国家职业标准命制，考试时间：60 分钟。
2. 请在试卷标封处填写姓名、准考证号和所在单位名称。
3. 请仔细阅读答题要求，在规定位置填写答案。

题型	一	二	总分
得分			

得分	
评分人	

一、单项选择题（第 1 题～第 60 题。选择一个正确的答案，将相应的字母填入题内的括号中。每题 1 分，满分 60 分。）

1. 职业道德的基本原则是（　　）。
A. 爱国主义　　　　B. 集体主义　　　　C. 团结主义　　　　D. 先公后私

2. 当卡盘本身精度较高，装上主轴后圆跳动大的主要原因是主轴（　　）过大。
A. 转速　　　　　　B. 旋转　　　　　　C. 跳动　　　　　　D. 间隙

3. 关于表面粗糙度和零件的摩擦与磨损的关系，下列说法中正确的是（　　）。
A. 表面粗糙度的状况和零件的摩擦与磨损没有直接关系
B. 由于表面粗糙度数值越大摩擦阻力越大，因而对摩擦表面而言，表面粗糙度数值越小越好
C. 只有选取合适的表面粗糙度，才能有效地减小零件的摩擦与磨损
D. 对于滑动摩擦，为了避免形成干摩擦，表面粗糙度数值应越大越好

4. 渐开线齿轮的齿廓曲线形状取决于（　　）。
A. 分度圆　　　　　B. 齿顶圆　　　　　C. 齿根圆　　　　　D. 基圆

5. 车畸形工件时，（　　）应适当降低，以防切削阻力和切削热使工件移动或变形。
A. 切削用量　　　　B. 刀具角度　　　　C. 刀具刚性　　　　D. 夹紧力

6. 给出形状或位置公差的要素称为（　　）要素。
A. 理想　　　　　　B. 实际　　　　　　C. 被测　　　　　　D. 基准

7. 为了保证各主要加工表面都有足够的余量，应该选择（　　）的表面为粗基准。
A. 毛坯余量最大　　B. 毛坯余量最小　　C. 毛坯余量适中　　D. 任意

8. 加工时，采用了近似的加工运动或近似刀具的轮廓产生的误差称为（　　）。
A. 加工原理误差　　B. 车床几何误差　　C. 刀具误差　　　　D. 机械误差

9. （　　）等要素正确描述了形位公差带的组成。

　　A. 大小、位置、方向　　　　　　　　B. 形状、作用点、大小、方向

　　C. 形状、大小、方向、位置　　　　　D. 形状、大小

10. 普通螺纹的公称直径是指（　　）。

　　A. 大径　　　　　B. 小径　　　　　C. 中径　　　　　D. 顶径

11. 标准麻花钻主切削刃上各点处的前角是变化的，靠近外圆处前角（　　）。

　　A. 为0°　　　　　B. 小　　　　　C. 大　　　　　D. 变化不定

12. 改变偏心距e的大小和正负，径向柱塞泵可以成为（　　）。

　　A. 单向定量泵　　B. 单向变量泵　　C. 双向定量泵　　D. 双向变量泵

13. 在其他条件相同的情况下，V带传动能力约是平带的（　　）倍。

　　A. 2　　　　　B. 3　　　　　C. 4　　　　　D. 5

14. 当车削几何形状不圆的毛坯时，因切削深度不一致引起切削力变化而使车削后的工件产生圆度误差，属于工艺系统（　　）造成的。

　　A. 几何误差　　　　　　　　B. 受力变形

　　C. 热变形　　　　　　　　　D. 工件内应力

15. 一般刀具的（　　）误差，会影响工件的尺寸精度。

　　A. 制造　　　　　B. 安装　　　　　C. 磨损　　　　　D. 尺寸

16. （　　）回路中的执行元件可以在任意位置上停止。

　　A. 调压　　　　　B. 闭锁　　　　　C. 增压　　　　　D. 速度换接

17. 工件经一次装夹后，所完成的那一部分工序称为（　　）工序。

　　A. 安装　　　　　B. 加工　　　　　C. 工艺　　　　　D. 准备

18. 用符号和标记表示中心孔的要求时，中心孔工作表面的粗糙度应标注在（　　）。

　　A. 符号的延长线或指引线上　　　　B. 端面上

　　C. 中心孔的轴线上　　　　　　　　D. 以上三种情况均可

19. 若EI＝es，则此配合是（　　）。

　　A. 间隙配合　　　　　　　　B. 过渡配合

　　C. 过盈配合　　　　　　　　D. 过渡配合或过盈配合

20. 表示某一向视图的投影方向的箭头附近注有字母"N"，则应在该向视图的上方标注为（　　）。

　　A. N向　　　　B. N　　　　C. N向或N　　　　D. 可省略不标注

21. 如果两半箱体的同轴度要求不高，可以在两被测孔中插入检验心棒，将百分表固定在其中一个心棒上，百分表测头接触在另一孔的心棒上，百分表转动一周，（　　）就是同轴度误差。

　　A. 所得读数差的一半　　　　B. 所得的读数

　　C. 所得读数的差　　　　　　D. 所得读数的两倍

22. （　　）不能成为双向变量泵。

　　A. 径向柱塞泵　　　　　　　B. 轴向柱塞泵

　　C. 齿轮泵　　　　　　　　　D. 单作用式叶片泵

23. 使用两顶尖装夹车削偏心工件主要适用于（　　）。

A. 单件小批生产　　　　　　　　　B. 大批大量生产
C. 中批量生产　　　　　　　　　　D. 任何生产类型

24. 测量精度为 0.02 mm 的游标卡尺，当两测量爪并拢时，尺身上 49 mm 对正游标上的（　　）格。

A. 20　　　　　　B. 40　　　　　　C. 50　　　　　　D. 49

25. 中心架支撑爪和工件的接触应该（　　）。

A. 非常紧　　　　　　　　　　　　B. 非常松
C. 松紧适当　　　　　　　　　　　D. A、B 和 C 都不对

26. 现实生活中，一些人不断地从一个企业"跳槽"到另一个企业，虽然在一定意义上有利于人才流动，但同时也说明这些从业人员缺乏（　　）。

A. 工作技能　　　　　　　　　　　B. 强烈的职业责任感
C. 光明磊落的态度　　　　　　　　D. 坚持真理的品质

27. 某图样的标题栏中的比例为 1:10，该图样中有一个图形是局部剖切后单独画出的，其上方标有 1:2，则该图形（　　）。

A. 因采用缩小比例 1:2，它不是局部放大图
B. 是采用剖视画出的局部放大图
C. 既不是局部放大图，也不是剖视图
D. 不是局部放大图而是采用缩小比例画出的局部剖视图

28. 车削外锥体时，若车刀刀尖没有对准工件中心，则圆锥素线为（　　）。

A. 直线　　　　B. 凸状双曲线　　　C. 凹状双曲线　　　D. 圆弧

29. 企业价值观主要是指（　　）。

A. 员工的共同价值取向、文化素养和技术水平
B. 员工的共同取向、心理趋向和文化素养
C. 员工的共同理想追求、奋斗目标和技术水平
D. 员工的共同理想追求、心理趋向和文化素养

30. 含碳量大于 0.60% 的钢是（　　）。

A. 低碳钢　　　　B. 中碳钢　　　　C. 高碳钢　　　　D. 合金钢

31. 法定计量单位中，长度的基本单位为（　　）。

A. mm　　　　　B. m　　　　　C. cm　　　　　D. km

32. 车削丝杠螺纹时，必须考虑螺纹升角对车削的影响，车刀进刀方向的后角应取（　　）。

A. $2°\sim3°$　　　　　　　　　　B. $3°\sim5°$
C. $(3°\sim5°)+\psi$　　　　　　　D. $(2°\sim3°)+\psi$

33. 车削轴向模数为 3 mm 的双线蜗杆，如果车床小滑板刻度盘每格为 0.05 mm，小滑板应转过的格数为（　　）。

A. 123.258　　　　　　　　　　　B. 188.496
C. 169.12　　　　　　　　　　　　D. 153.43

34. 采用百分表分线法分线时，百分表测量杆必须与工件轴线（　　），否则将产生螺距误差。

A. 平行   B. 垂直   C. 倾斜   D. 成 15°角

35. 在 Fe – Fe$_3$C 相图中，奥氏体冷却到 ES 线时开始析出（　　）。

A. 铁素体   B. 珠光体

C. 二次渗碳体   D. 莱氏体

36. 在铸铁工件上攻制 M10 的螺纹，底孔应选择钻头直径为（　　）。

A. ϕ10   B. ϕ9   C. ϕ8.4   D. ϕ7

37. 粗车时，应考虑提高生产率并保证合理的刀具耐用度，首先要选用较大的（　　）。

A. 进给量   B. 切削深度   C. 切削速度   D. 切削用量

38. 工件的定位是使工件的（　　）基准获得确定位置。

A. 工序   B. 测量   C. 定位   D. 辅助

39. 车床润滑系统一级保养需（　　）。

A. 清洗冷却泵   B. 清洗油泵、滤油器和油箱

C. 清洗滤油器和油箱   D. 清洗冷却泵和滤油器

40. 畸形工件以（　　）表面作为定位基面时，该面与花盘或角铁应成三点接触，且该三点间距要尽可能大，各点与工件的接触面积则应尽可能小。

A. 已加工   B. 待加工   C. 加工   D. 毛坯

41. 拆卸时的基本原则，拆卸顺序与（　　）相反。

A. 装配顺序   B. 安装顺序   C. 组装顺序   D. 调节顺序

42. 车削圆柱形工件产生（　　）误差的原因主要是机床主轴中心线对导轨平行度超差。

A. 锥度   B. 直线度   C. 圆柱度   D. 垂直度

43. 用定位销连接经常拆的地方宜选用（　　）。

A. 圆柱销   B. 圆锥销   C. 槽销   D. 开口销

44. 通过试切—测量—调整的过程获得尺寸精度的方法叫（　　）。

A. 试切法   B. 定尺寸刀具法   C. 调整法   D. 尝试法

45. 按现行螺纹标准，用特征代码 G 表示的螺纹，其名称是（　　）。

A. 圆柱管螺纹   B. 55°非密封管螺纹

C. 非螺纹密封的管螺纹   D. 锥管螺纹

46. 对标准公差的论述，下列说法中错误的是（　　）。

A. 标准公差的大小与基本尺寸和公差等级有关，与该尺寸是表示孔还是轴无关

B. 在任何情况下，基本尺寸越大，标准公差必定越大

C. 基本尺寸相同，公差等级越低，标准公差越大

D. 某一基本尺寸段为 50~80 mm，则基本尺寸为 60 mm 和 75 mm 的同等级的标准公差数值相同

47. 封闭环的公差是（　　）。

A. 所有增环的公差之和

B. 所有减环的公差之和

C. 所有增环与减环的公差之和

D. 所有增环公差之和减去所有减环公差之和

48. 调整后的中滑板丝杠与螺母的间隙，应使中滑板手柄转动灵活，正反转之间的空量程在（　　）转之内。

A. 1/2　　　　　　　B. 1/5　　　　　　　C. 1/20　　　　　　　D. 1

49. 为了减小曲轴的弯曲和扭转变形，可采用两端传动或中间传动的方式进行加工，并尽量采用有前后刀架的机床使加工过程中产生的（　　）相互抵消。

A. 切削力　　　　　　B. 摩擦力　　　　　　C. 夹紧力　　　　　　D. 抗力

50. 目前导轨材料中应用得最普遍的是（　　）。

A. 铸铁　　　　　　　B. 黄铜　　　　　　　C. 青铜　　　　　　　D. 工具钢

51. 符合极限尺寸判断原则的通规的测量面应设计成（　　）。

A. 与孔或轴形状相对应的完整表面

B. 与孔或轴形状相对应的不完整表面

C. 与孔或轴形状相对应的完整表面或与孔或轴形状相对应的不完整表面均可

D. 不能确定

52. 车削多头梯形螺纹时，最简便的分头方法是（　　）。

A. 小滑板刻度分头法　　　　　　　　　B. 百分表分头法

C. 交换齿轮分头法　　　　　　　　　　D. 以上三种都可以

53. HT200 表示是一种（　　）。

A. 黄铜　　　　　　　B. 合金钢　　　　　　C. 灰铸铁　　　　　　D. 化合物

54. 当要求转速级数多、速度变化范围大时，应选择（　　）机构。

A. 滑移齿轮变速　　　B. 倍增变速　　　　　C. 拉键变速　　　　　D. 链式变速

55. 精车轴向直廓蜗杆，装刀时车刀左右切削刃组成的平面应与（　　）。

A. 齿面垂直　　　　　　　　　　　　　B. 齿面平行

C. 工件轴心线重合　　　　　　　　　　D. 工件轴线垂直

56. 具有急回特性的四杆机构是（　　）。

A. 曲柄摇杆机构　　　　　　　　　　　B. 双摇杆机构

C. 平行双曲柄机构　　　　　　　　　　D. 曲柄滑块机构（对心）

57. 已知一标准直齿轮，齿数 $z=44$，模数 $m=3$ mm，则全齿高 $h=$（　　）mm。

A. 5　　　　　　　　　B. 6　　　　　　　　　C. 6.75　　　　　　　D. 7

58. 一对标准直齿轮，安装中心距比标准值略大时，保持不变的是（　　）。

A. 齿侧间隙　　　　　　　　　　　　　B. 两节圆的关系

C. 啮合角的大小　　　　　　　　　　　D. 都有变化

59. 为改善低碳钢加工性能应采用（　　）的热处理方式。

A. 淬火或回火　　　　　　　　　　　　B. 退火或调质

C. 正火　　　　　　　　　　　　　　　D. 调质或回火

60. 用中心架支撑工件车内孔时如内孔出现倒锥，其原因是中心架中心偏向（　　）所造成的。

A. 操作者一方　　　　　　　　　　　　B. 操作者对方

C. 尾座　　　　　　　　　　　　　　　D. 下方或者上方

得分	
评分人	

二、判断题（第61题～第100题。将判断结果填入括号中，正确的填"√"，错误的填"×"。每题1分，满分40分。）

61. 虽然各行各业的工作性质、社会责任、服务对象和服务手段不同，但是它们对本行业人员具有的职业道德的要求是相同的。　　　　　　　　　　（　　）

62. 轮系具有可获得大传动比的特点，因此通过轮系只能将输入轴的高速运动变成输出轴的低速运动。　　　　　　　　　　　　　　　　　　　（　　）

63. 平键配合采用基孔制，花键配合采用基轴制。　　　　　　　　（　　）

64. 车床运转500 h后需要进行一级保养。　　　　　　　　　　　（　　）

65. 适当增大车刀主偏角，使切削层宽度减小，切削径向分力减小，切屑容易折断。　　　　　　　　　　　　　　　　　　　　　　　　　　（　　）

66. 可以用专用铁钩清除切屑，判断无危险时也可以用手清除切屑。　（　　）

67. 在CA6140型卧式车床上车蜗杆时不会产生乱牙。　　　　　　（　　）

68. 形状公差项目的标注一般不使用基准。　　　　　　　　　　　（　　）

69. 在半精加工阶段，除为重要表面的精加工做准备外，可以完成一些次要表面的最终加工。　　　　　　　　　　　　　　　　　　　　　　（　　）

70. 合金工具钢与碳素工具钢一样用于低速场合。　　　　　　　　（　　）

71. 刀具、量具、冷冲压模具应采用低温回火。　　　　　　　　　（　　）

72. 轴承内圈内圆柱面与轴颈的配合应采用基轴制。　　　　　　　（　　）

73. 在细长轴的定位装夹中，使用跟刀架或中心架主要是为了增强工件的刚度、减小加工中的变形。　　　　　　　　　　　　　　　　　　　　　（　　）

74. 采用工序集中法加工时，容易达到较高的相对位置精度。　　　（　　）

75. 相互配合的孔和轴，其基本尺寸必然相等。　　　　　　　　　（　　）

76. 碳钢中含碳量越高，强度硬度越高，性能越好。　　　　　　　（　　）

77. 切削用量选用不当，会使工件表面粗糙度达不到要求。　　　　（　　）

78. 液压控制阀，除按用途和工作特点不同分类，还可按压力高低、控制方式、结构形式和连接方式等不同来分类。　　　　　　　　　　　　　（　　）

79. 塞尺片有的很薄，容易弯曲和折断，所以测量时不能用力太大，但可以测量温度较高的工件。　　　　　　　　　　　　　　　　　　　　（　　）

80. 定位公差带具有确定的位置，但不具有控制被测要素的方向和形状的职能。　　　　　　　　　　　　　　　　　　　　　　　　　　　（　　）

81. 对于车削铝、镁合金的车刀，要防止切削刃不锋利而产生挤压摩擦，以致高温后发生燃烧。　　　　　　　　　　　　　　　　　　　　　　（　　）

82. 渐开线齿轮传动中心距稍有变化，则传动比就会改变。　　　　（　　）

83. 尺寸链必然是封闭的，且各尺寸环按一定的顺序首尾相接。　　（　　）

84. 圆度符合公差要求，则圆柱度一定符合要求。　　　　　　　　（　　）

85. 某内螺纹的标记为"M8"，由这一简化标记无法确定公差带代号。　　　（　）

86. 刀具磨损分为初期磨损和急剧磨损。　　　（　）

87. 形位公差标注中，当公差涉及轮廓线或表面时，应将带箭头的指引线置于要素的轮廓线或轮廓线的延长线上，但必须与尺寸线明显地分开。　　　（　）

88. 用工件上不需要加工的表面作为粗基准，可使该表面与加工表面保持正确的相对位置。　　　（　）

89. 标准直齿轮的端面齿厚 s 与端面齿槽宽 e 相等。　　　（　）

90. 为人民服务是职业道德的核心，它体现了社会主义"我为人人，人人为我"的人际关系的本质。　　　（　）

91. 变形铜合金车削时与低碳钢相近，刀具可选择较大前角。　　　（　）

92. 由于正火较退火冷却速度快，过冷度大，转变温度较低，获取的组织较细，因此同一种钢，正火要比退火的强度和硬度高。　　　（　）

93. 高速钢切断刀的进给量要选大些，硬质合金切断刀的进给量要选小些。　　　（　）

94. 铰孔时以自身孔作为导向，故可以纠正工件孔的位置误差。　　　（　）

95. $\phi 50^{+0.012}_{-0.027}$ mm 的标准公差为 + 0.012 mm。　　　（　）

96. 曲轴的装夹和偏心类零件的装夹完全相同。　　　（　）

97. 表示锥度的图形符号和锥度数值应靠近圆锥轮廓标注，基准线应通过指引线与圆锥的轮廓素线相连。基准线应与圆锥的轴线平行，图形符号的方向应与锥度方向一致。
　　　（　）

98. 零件的工艺规程制定好后，未必严格遵照执行，是可以根据意愿改变的。　（　）

99. 职业素质是在职业实践的基础上，经过劳动者个人多种能力的组合而形成的一种职业能力。　　　（　）

100. 在基孔制间隙配合或基轴制间隙配合中，孔的公差带一定在零线以上，轴的公差带一定在零线以下。　　　（　）

普通车工应知测试题三

注 意 事 项

1. 本试卷依据 2001 年颁布的《车工》国家职业标准命制，考试时间：60 分钟。
2. 请在试卷标封处填写姓名、准考证号和所在单位的名称。
3. 请仔细阅读答题要求，在规定位置填写答案。

题型	一	二	总分
得分			

得分	
评分人	

一、**单项选择题**（第 1 题~第 60 题。选择一个正确的答案，将相应的字母填入题内的括号中。每题 1 分，满分 60 分。）

1. 你认为职工个体不良形象对企业整体形象的影响是（   ）。
   A. 不影响   B. 有一定影响   C. 影响严重   D. 损害整体形象

2. 导轨在垂直平面内的（   ），通常用方框水平仪进行检验。
   A. 平行度   B. 垂直度   C. 直线度   D. 对称度

3. 阶梯轴中两个圆柱的轴线不重合就不能装入两个轴线重合的圆柱的阶梯孔中去，于是，对两圆柱的轴线就有了（   ）的要求。
   A. 圆度   B. 圆柱度   C. 同轴度   D. 位置度

4. 尺寸公差等于（   ）。
   A. 最大尺寸减去最小尺寸   B. 最大尺寸减去基本尺寸
   C. 基本尺寸减去最小尺寸   C. 最小尺寸减去基本尺寸

5. 下列轴承中，同时承受径向力和轴向力的轴承是（   ）。
   A. 向心轴承   B. 推力轴承
   C. 角接触轴承   D. 单列向心球轴承

6. 测量薄壁零件时，容易引起测量变形的主要原因是（   ）选择不当。
   A. 量具   B. 测量基准   C. 测量压力   D. 测量方向

7. 在组合机床液压系统中，常用到限压式变量叶片泵，泵的流量自动随（   ）的增加而减少。
   A. 压力   B. 功率   C. 作用力   D. 速度

8. 推力球轴承中有紧圈和松圈，装配时（   ）应紧靠在转动零件的端面上。

A. 紧圈　　　　　B. 松圈　　　　　C. 滚珠　　　　　D. 保持架

9. 关于过定位和完全定位的关系，下面叙述正确的是（　　）。

A. 过定位就是完全定位

B. 过定位限制的自由度数目一定比完全定位多

C. 过定位限制的自由度数目一定比完全定位少

D. 过定位和完全定位是两个不同的概念

10. B－B63 中的 63 表示（　　）。

A. 额定流量为 63 L/min　　　　　　　B. 额定流量为 63 m^3/s

C. 额定压力为 63 Pa　　　　　　　　D. 额定压力为 63 kgf①/cm^2

11. 当畸形工件的表面都需加工时，应选择余量（　　）的表面作为主要定位基面。

A. 最大　　　　　B. 适中　　　　　C. 最小　　　　　D. 比较大

12. 关于表面粗糙度和零件的摩擦与磨损的关系，下列说法中正确的是（　　）。

A. 表面粗糙度的状况和零件的摩擦与磨损没有直接关系

B. 由于表面粗糙度数值越大摩擦阻力越大，因而对摩擦表面而言，表面粗糙度数值越小越好

C. 只有选取合适的表面粗糙度，才能有效地减小零件的摩擦与磨损

D. 对于滑动摩擦，为了避免形成干摩擦，表面粗糙度数值应越大越好

13. 调压回路的重要液压元件是（　　）。

A. 减压阀　　　　　B. 溢流阀　　　　　C. 节流阀　　　　　D. 换向阀

14. 根据最新的《形状和位置公差》国家标准，下列几种说法正确的是（　　）。

A. 线轮廓度和面轮廓度均属于形状公差

B. 线轮廓度和面轮廓度有基准要求时属于位置公差，没有基准要求时属于形状公差

C. 线轮廓度和面轮廓度均属于位置公差

D. 视具体情况而定

15. 标准对平键的键宽 b 规定了（　　）公差带。

A. 一种　　　　　B. 二种　　　　　C. 三种　　　　　D. 四种

16. 工件在一次安装中（　　）工位。

A. 只能有一个　　　　　　　　B. 不可能有几个

C. 可以有一个或几个　　　　　D. 一定有几个

17. 斜二测轴测 OZ 轴画成（　　）。

A. 垂直的　　　　　　　　B. 水平的

C. 倾斜的　　　　　　　　D. 与水平成45°角

18. 尺寸链中，封闭环的上偏差（　　）。

A. 等于各增环的上偏差之和减去各减环的下偏差之和

B. 等于各增环的下偏差之和减去各减环的上偏差之和

C. 等于各增环的上偏差之和减去各减环的上偏差之和

① 1 kgf = 9.8 N。

D. 都不正确

19. 多头蜗杆因导程大，齿形深，切削面积大，车削时产生的切削力也大，因此车削多头蜗杆不得采用（　　）装夹。

A. 三爪自定心卡盘　　　B. 四爪卡盘　　　　C. 两顶尖　　　　D. 一夹一顶

20. 当工件以平面定位时下面的误差基本上可以忽略不计的是（　　）。

A. 基准位移误差　　　　　　　　B. 基准不重合误差

C. 定位误差　　　　　　　　　　D. A、B 和 C 都不对

21. 形状公差带形状取决于（　　）。

A. 公差项目

B. 该项目在样图上的标注

C. 被测要素的理想形状

D. 公差项目和该项目在图样上的标注

22. 当畸形工件表面不需要全部加工时，应尽量选用（　　）为主要定位基面。

A. 不加工表面　　　　　　　　　B. 加工精度高的表面

C. 加工精度低的表面　　　　　　D. A、B 和 C 都可以

23. 职业道德行为养成是指（　　）。

A. 从业者在一定的职业道德知识、情感信念支配下所采取的自觉行动

B. 按照职业道德规范要求，对职业道德行为进行有意识的训练和培养

C. 对本行业从业人员在职业活动中的行为要求

D. 本行业对社会所承担的道德责任和义务

24. 零件加工时产生表面粗糙度的主要原因是（　　）。

A. 刀具和零件表面的摩擦　　　　B. 切削热和振动

C. 机床的几何精度误差　　　　　D. 回转体不平衡

25. （　　）是基准要素。

A. 用来确定被测要素的方向和位置的要素

B. 具有几何学意义的要素

C. 中心点、线、面或回转表面的轴线

D. 图样上给出位置公差的要素

26. V 形铁是以（　　）为定位基面的定位元件。

A. 内圆柱面　　　　B. 外圆锥面　　　　C. 外圆柱面　　　　D. 内圆锥面

27. 游标卡尺主尺的刻线间距为（　　）mm。

A. 1　　　　　　　B. 0.5　　　　　　C. 2　　　　　　D. 0.1

28. 对某一尺寸进行系列测量得到一列测量值，测量精度明显受到环境温度的影响，此温度误差为（　　）。

A. 系统误差　　　B. 随机误差　　　C. 粗大误差　　　D. 相对误差

29. 外径千分尺的分度值是（　　）mm。

A. 0.5　　　　　　B. 0.01　　　　　C. 0.05　　　　　D. 0.001

30. 在角度标准量具中，精度由高到低的次序为（　　）。

A. 角度量块、正多面棱体、多齿分度盘

B. 多齿分度盘、正多面棱体、角度量块

C. 正多面棱体、角度量块、多齿分度盘

D. 角度量块、多齿分度盘、正多面棱体

31. 北京同仁堂集团公司下属19个药厂和商店，每一处都挂着一副对联。上联是"炮制虽繁从不敢省人工"，下联是"品味虽贵必不敢减物力"。这说明了"同仁堂"长盛不衰的秘诀就是（　　）。

A. 诚实守信　　　　　B. 一丝不苟　　　　C. 救死扶伤　　　　D. 顾客至上

32. 车右旋螺纹时，因受螺旋运动的影响，车刀左刃前角（　　）。

A. 减小　　　　　　　B. 增大　　　　　　C. 为零　　　　　　D. 不变

33. 用三爪自定心卡盘夹外圆车薄壁工件内孔，由于夹紧力分布不均匀，加工后易出现（　　）形状。

A. 外圆呈三棱形　　　B. 内孔呈三棱形　　C. 外圆呈椭圆　　　D. 内孔呈椭圆

34. 不在同一直线上的三个支撑点可以限制（　　）个自由度。

A. 一　　　　　　　　B. 二　　　　　　　C. 三　　　　　　　D. 四

35. 在螺纹底孔的孔口倒角，丝锥开始切削时（　　）。

A. 容易切入　　　　　B. 不易切入　　　　C. 容易折断　　　　D. 不易折断

36. 车削精度要求高、表面粗糙度值小的蜗杆，车刀的刀尖角须精确，两侧刀刃应平直锋利，表面粗糙度值要比蜗杆齿面小（　　）级。

A. 1～2　　　　　　　B. 2～3　　　　　　C. 3～4　　　　　　D. 4～5

37. 使用花盘、角铁装夹畸形工件，花盘平面是否平整对装夹精度（　　）。

A. 影响大　　　　　　B. 影响小　　　　　C. 没影响　　　　　D. 影响可忽略

38. 使用划线盘划线时，划针应与工件划线表面之间保持（　　）夹角。

A. $40°～60°$　　　　B. $20°～40°$　　　C. $50°～70°$　　　D. $10°～20°$

39. 读数值为0.02 mm的游标卡尺，当游标上的零线对齐尺身上第15 mm刻线，游标上第50格刻线与尺身上第64 mm刻线对齐时，游标卡的读数为（　　）mm。

A. $15+0.02×50=16$

C. 64

B. 15

D. $64-50=14$

40. 标注过程中，尺寸界线都用（　　）绘制。

A. 细实线　　　　　　B. 粗实线　　　　　C. 点画线　　　　　D. 波浪线

41. 万能角度尺在$50°～140°$范围内，应装（　　）。

A. 角尺

C. 角尺和直尺

B. 直尺

D. 角尺、直尺和夹块

42. 圆柱齿轮传动的精度要求有运动精度、工作平稳性、（　　）等几方面的精度要求。

A. 几何精度　　　　　B. 平行度　　　　　C. 垂直度　　　　　D. 接触精度

43. 传动比大而且准确是（　　）。

A. 带传动　　　　　　B. 链传动　　　　　C. 齿轮传动　　　　D. 蜗杆传动

44. 轴类零件的调质处理热处理工序应安排在（　　）。

A. 粗加工前　　　　　　　　　　　　　　　B. 粗加工后，精加工前

C．精加工后　　　　　　　　　　　　D．渗碳后

45．检验箱体工件上的立体交错孔的垂直度时，先用（　　）找正基准心棒，使基准孔与检验平板垂直，然后用（　　）测量心棒两处，其差值即为测量长度内两孔轴线的垂直度误差。

A．直角尺，百分表　　　　　　　　　B．直角尺，千分尺

C．千分尺，百分表　　　　　　　　　D．百分表，千分尺

46．用三爪自定心卡盘夹外圆车薄壁工件内孔，由于夹紧力分布不均匀，加工后易出现（　　）形状。

A．外圆呈三棱形　　　　　　　　　　B．内孔呈三棱形

C．外圆呈椭圆　　　　　　　　　　　D．内孔呈椭圆

47．$\phi20f6$ mm，$\phi20f7$ mm 和 $\phi20f8$ mm 三个公差带（　　）。

A．上下偏差均相同　　　　　　　　　B．上偏差相同但下偏差不相同

C．上偏差不相同但下偏差相同　　　　D．上下偏差均不相同

48．封闭环的基本尺寸等于（　　）。

A．所有增环的基本尺寸之和

B．所有减环的基本尺寸之和

C．所有增环的基本尺寸之和减去所有减环的基本尺寸之和

D．所有减环的基本尺寸之和减去所有增环的基本尺寸之和

49．曲轴较细长时，可以在主轴颈或曲柄颈同轴的轴颈上直接使用（　　）以提高曲轴的加工刚度。

A．螺栓　　　　　B．中心架　　　　　C．夹板　　　　　D．偏心过滤套

50．可使执行元件的运动速度保持稳定，不随着负载的变化而波动的是（　　）。

A．调速阀　　　　B．节流阀　　　　　C．溢流阀　　　　D．减压阀

51．下列材料中，属于合金弹簧钢的是（　　）。

A．$60Si_2MnA$　　B．ZGMn13-1　　C．Cr12MoV　　D．2Cr13

52．车削多线螺纹，使用圆周分线法分线时，仅与螺纹（　　）有关。

A．线数　　　　　B．中径　　　　　　C．螺距　　　　　D．导程

53．按等加速等减速运动规律工作的齿轮机构（　　）。

A．会产生"刚性冲击"　　　　　　　　B．会产生"柔性冲击"

C．适用于齿轮做高速转动的场合　　　D．适用于从动件质量较大的场合

54．HT250 中的"250"是指（　　）。

A．抗弯强度 250 MPa　　　　　　　　B．抗弯强度 250 Kg

C．抗拉强度 250 MPa　　　　　　　　D．抗拉强度 250 Kg

55．标准外啮合斜齿轮的正确啮合条件是（　　）。

A．$m_{n1}=m_{n2}=m$，$\alpha_{n1}=\alpha_{n2}=\alpha$　　B．$m_{t1}=m_{t2}=m$，$\alpha_{t1}=\alpha_{t2}=\alpha$

C．$m_1=m_2=m$，$\alpha_1=\alpha_2=\alpha$　　D．$n_1=n_2=m$，$\alpha_{n1}=\alpha_{n2}=\alpha$

56．淬火后导致工作尺寸变化的根本原因是（　　）。

A．内应力　　　　　　　　　　　　　B．相变

C．工件结构设计　　　　　　　　　　D．工件的原始材料

57. 根据用途和工作特点不同，控制阀主要分为（   ）、压力控制阀和流量控制阀。

A. 速度控制阀 　　　 B. 顺序控制阀 　　　 C. 方向控制阀 　　　 D. 节流阀

58. 使用内径百分表测量孔径时，必须摆动百分表，所得的（   ）是孔的实际尺寸。

A. 最小读数值 　　　　　　　　　　 B. 最大读数值

C. 多个读数的平均值 　　　　　　　 D. 最大值与最小值之差

59. 在工艺文件中机械加工工艺卡片是以（   ）为单位说明一个零件的全部加工过程。

A. 工步 　　　　　 B. 工序 　　　　　 C. 安装 　　　　　 D. 加工部位

60. 轮齿的弯曲疲劳裂纹多发生在（   ）。

A. 齿顶附近 　　　　　　　　　　 B. 轮齿节线附近

C. 齿根附近 　　　　　　　　　　 D. 都有可能

得分	
评分人	

二、判断题（第61题~第100题。将判断结果填入括号中，正确的填"√"，错误的填"×"。每题1分，满分40分。）

61. 古人云："道德者，行也，而非言也。"意思是说，一个人的道德品质如何，是看他的行为，而不是听他说的话。　　　　　　　　　　　　　　　　　　（   ）

62. 不论用何种方法切制加工标准齿轮，当齿数太少（如 $z < 17$）时，将会发生根切现象。　　　　　　　　　　　　　　　　　　　　　　　　　　　　　　（   ）

63. 车外圆时圆柱度达不到要求的原因之一是车刀材料耐磨性差。　　　（   ）

64. 车间管理条例不是工艺规程的主要内容。　　　　　　　　　　　　（   ）

65. 车削多线螺纹时，应按导程挂轮。　　　　　　　　　　　　　　　（   ）

66. 淬火内应力是造成工件变形和开裂的原因。　　　　　　　　　　　（   ）

67. 韧性是指金属在断裂前吸收变形能量的能力。　　　　　　　　　　（   ）

68. 外圆车削时，前、后顶尖不对正就会出现锥度误差。　　　　　　　（   ）

69. 用两顶尖装夹车光轴，经测量尾座端直径尺寸比床头端大，这时应将尾座向操作者方向调整一定的距离。　　　　　　　　　　　　　　　　　　　　　　（   ）

70. 电动机出现不正常现象时应及时切断电源，排除故障。　　　　　　（   ）

71. 当工人的平均操作技能水平较低时，宜采用工序集中法进行加工。　（   ）

72. 曲轴的偏心距较大，不能使用偏心夹板装夹曲轴。　　　　　　　　（   ）

73. 钢的淬火硬度，主要取决于钢中奥氏体的含碳量。　　　　　　　　（   ）

74. 硬质合金在800℃～1 000℃时就不能进行车削了。　　　　　　　　（   ）

75. 当工件材料的强度和硬度高时，可取较大的前角。　　　　　　　　（   ）

76. 圆锥体的配合具有较好的自锁性与密封性。　　　　　　　　　　　（   ）

77. 在畸形工件的定位上，主要定位基准面应尽量和零件装配使用基面相一致。

　　　　　　　　　　　　　　　　　　　　　　　　　　　　　　　（   ）

78. 在零件图中，表达圆柱体时最少需要两个视图。　　　　　　　　　（   ）

79. 如果采用不完全定位，一定会对工件的加工要求有影响。 （　　）

80. 表面粗糙度反映的是零件被加工表面上微观几何形状误差，它是由机床几何精度方面的误差引起的。 （　　）

81. 塞规是用来检验孔的，而卡规是用来检验轴的。 （　　）

82. 油脂杯润滑每月加油一次，每班次旋转油杯盖一圈。 （　　）

83. 职业素质的稳定性特征是指职业素质一经形成，就会在个性品质中一成不变。 （　　）

84. 车细长轴时，使用弹性回转顶尖，可自动补偿工件的热变形伸长。 （　　）

85. 高速钢车刀用于高速车削。 （　　）

86. 由极限偏差表中查得基本尺寸 60 mm 的上下偏差分别为 +90 μm 和 +60 μm，则注写到图样上时应为 $60^{+0.090}_{+0.060}$。 （　　）

87. 工艺卡是以工序为单位，说明一个工件的全部加工过程的工艺文件。 （　　）

88. 铰孔能修正孔的直线度误差。 （　　）

89. 形位公差中，对称度属于浮动状态的公差带。 （　　）

90. 被测要素为中心要素时，框格箭头应与要素的尺寸线对齐。 （　　）

91. 车削薄壁零件的关键是变形问题，影响变形最大的因素是夹紧力和切削力。 （　　）

92. 当普通螺纹为左旋时，应将其旋向代号"LH"注写在螺纹标记的最后。 （　　）

93. 刀具磨损的形式一般分为三种。 （　　）

94. 装夹薄壁工件时，夹紧力的方向应选择在有利于增大夹紧力的部位。 （　　）

95. 公差等级相同时，其加工精度一定相同；公差数值相等时，其加工精度不一定相同。 （　　）

96. 一对直齿圆柱齿轮相啮合，其中心距等于标准中心距，这对齿轮一定是标准齿轮。 （　　）

97. 斜齿轮传动和圆锥齿轮传动中，齿面上受的法向力都可分解成对齿轮有影响的三个垂直方向的分力。 （　　）

98. 量块按"等"测量比按"级"测量的精度要低。 （　　）

99. 油脂杯润滑每天加油一次。 （　　）

100. 检验机床的工作精度合格，说明其几何精度也合格。 （　　）

普通车工应知测试题四

注意事项

1. 本试卷依据 2001 年颁布的《车工》国家职业标准命制，考试时间：60 分钟。
2. 请在试卷标封处填写姓名、准考证号和所在单位的名称。
3. 请仔细阅读答题要求，在规定位置填写答案。

题型	一	二	总分
得分			

得分	
评分人	

一、单项选择题（第 1 题～第 60 题。选择一个正确的答案，将相应的字母填入题内的括号中。每题 1 分，满分 60 分。）

1. 维护社会道德的手段是（　　）。
   A. 法律手段　　　　　　　　　　B. 行政手段
   C. 舆论与教育手段　　　　　　　D. 组织手段

2. 机床主轴的（　　）精度是由主轴前后两个双列向心短圆柱滚针轴承来保证的。
   A. 间隙　　　　B. 轴向窜动　　　　C. 径向跳动　　　　D. 直线度

3. 对零件的配合、耐磨性和密封性等有显著影响的是（　　）。
   A. 尺寸精度　　　　B. 表面粗糙度　　　　C. 形位公差　　　　D. 互换性

4. 圆度公差和圆柱度公差之间的关系是（　　）。
   A. 两者均控制圆柱类零件的轮廓形状，因而两者间可以替代使用
   B. 两者公差带形状不同，因而两者相互独立，没有任何关系
   C. 圆度公差可以控制圆柱度误差
   D. 圆柱度公差可以控制圆度误差

5. 如果一个尺寸链中有三个环，封闭环为 L_0、增环为 L_1、减环为 L_2，那么（　　）。
   A. $L_1 = L_0 + L_2$　　　B. $L_2 = L_0 + L_1$　　　C. $L_0 = L_1 + L_2$　　　D. $L_1 = L_0 - L_2$

6. 锯割薄板零件宜选用（　　）锯条。
   A. 细齿　　　　B. 粗齿　　　　C. 中齿　　　　D. 都可以

7. 液压泵按其输油方向能否改变可分为单向泵和（　　）。
   A. 高压泵　　　　B. 齿轮泵　　　　C. 双向泵　　　　D. 定量泵

8. 在形状公差中，符号"//"表示（　　）。

A. 直线度   B. 圆度   C. 倾斜度   D. 平行度

9. 评定表面粗糙度最常采用的参数为（   ）。

A. *Ra*   B. *Rz*   C. *Ry*   D. *Rp*

10. 滚动轴承内圈与基本偏差为 h 的轴颈形成（   ）配合。

A. 间隙   B. 过盈   C. 过渡   D. 都有可能

11. 单列向心球轴承 209，其轴承孔径为（   ）mm。

A. 9   B. 18   C. 36   D. 45

12. 孔和轴的轴线的直线公差带形状一般是（   ）。

A. 两平行直线   B. 圆柱面   C. 一组平行平面   D. 两组平行平面

13. 链传动的特点是（   ）。

A. 适用于中心距较小的场合   B. 传递功率小

C. 安装和维护要求不高   D. 传动效率高

14. 确定基本偏差主要是为了确定（   ）。

A. 公差带的位置   B. 公差带的大小

C. 配合的精度   D. 工件的加工精度

15. 油箱的作用是（   ）。

A. 储油、散热、分离杂质   B. 储存能量

C. 补充泄漏   D. 作辅助动力源

16. 在加工表面和加工工具不变的情况下，所连续完成的那一部分工序称为（   ）工序。

A. 进给   B. 安装   C. 工步   D. 工艺

17. 偏心轴零件图采用一个（   ）、一个左视图和轴肩槽放大的表达方法。

A. 局部视图   B. 俯视图   C. 主视图   D. 剖视图

18. 职业道德行为的最大特点是（   ）。

A. 实践性和实用性   B. 普遍性和广泛性

C. 自觉性和习惯性   D. 时代性和创造性

19. 车刀的前角是在（   ）内测量。

A. 截面   B. 切削平面   C. 基面   D. 其他面内

20. 确定两个基本尺寸的精确程度，是根据两尺寸的（   ）。

A. 公差大小   B. 公差等级   C. 基本偏差   D. 基本尺寸

21. 车削铜合金材料时，常用的刀具材料有高速钢和（   ）类硬质合金。

A. K   B. P   C. M   D. PW

22. 精车薄壁工件时，车刀的前角应（   ）。

A. 适当增大   B. 适当减小

C. 和一般车刀同样大   D. 磨成负值

23. 50 H7/m6 是（   ）。

A. 间隙配合   B. 过盈配合   C. 过渡配合   D. 不能确定

24. 表面粗糙度反映的是零件被加工表面上的（   ）。

A. 宏观几何形状误差   B. 微观几何形状误差

C. 宏观相对位置误差　　　　　　　　　D. 微观相对位置误差

25. 对夹紧装置的作用，以下阐述正确的是（　　　）。

A. 改善定位时所确定的位置　　　　　　B. 增强定位的稳定性

C. 搬运工件　　　　　　　　　　　　　D. 保持定位时所确定的位置

26. 车偏心工件的原理是：装夹时把偏心部分的（　　　）调整到与主轴轴线重合的位置上即可加工。

A. 尺寸线　　　　　B. 轮廓线　　　　C. 轴线　　　　D. 素线

27. 从加工工种来看，组合夹具（　　　）。

A. 仅适用于车　　　　　　　　　　　　B. 仅适用于钻

C. 仅适用于检验　　　　　　　　　　　D. 适用于大部分机加工种

28. 曲轴的直径较大或曲柄颈偏心距较小，有条件在两端面上打主轴颈及曲柄颈中心孔的工件，可采用（　　　）装夹车削。

A. 两顶尖　　　　　B. 偏心卡盘　　　C. 专用偏心夹具　　D. 偏心夹板

29. 采用两销一面定位，如果孔 1 的位移误差为 Δr_1，孔 2 的位移误差为 Δr_2，两孔和两销的间距均为 L，那么转角误差的正切 $\tan\Delta\alpha$ 等于（　　　）。

A. $\Delta r_2 + \Delta r_1$　　B. $\Delta r_2 + \Delta r_1/2$　　C. $\Delta r_2 + \Delta r_1/2L$　　D. Δr_2

30. 已知一标准直齿轮，齿数 $z = 44$，模数 $m = 2.5$ mm，则分度圆直径 d 是（　　　）mm。

A. 88　　　　　　　B. 100　　　　　C. 110　　　　　D. 95

31. 选择錾子楔角时，在保证足够强度的前提下，应尽量取（　　　）数值。

A. 较小　　　　　　B. 较大　　　　　C. 一般　　　　　D. 随意

32. 双重卡盘装夹工件安装方便，无须调整，但它的刚性较差，不宜选择较大的切削用量，适用于（　　　）生产。

A. 小批量　　　　　B. 大批量　　　　C. 单件　　　　　D. 不确定

33. 在套丝过程中，材料受（　　　）作用而变形，使牙顶变高。

A. 弯曲　　　　　　B. 挤压　　　　　C. 剪切　　　　　D. 扭转

34. 从下列量具中，既能进行绝对测量，又能进行相对测量的量具是（　　　）。

A. 直径千分尺　　　B. 杠杆千分尺　　C. 杠杆卡规　　　D. 游标卡尺

35. 集体主义是一种价值观念和行为准则，坚持集体主义就是要做到（　　　）。

A. 坚持集体利益高于个人利益

B. 充分尊重个人利益，把个人利益放在第一位

C. 局部利益高于全局利益，全局利益服从局部利益

D. 坚持集体利益高于个人利益，全局利益高于局部利益，兼顾集体利益和个人利益

36. 从外径千分尺固定套筒上，可以读取 mm 及（　　　）mm 的数值。

A. 0.1　　　　　　B. 0.2　　　　　C. 0.5　　　　　D. 0.8

37. 自位支承在定位过程中的作用一般只相当于（　　　）个支承点。

A. 二　　　　　　　B. 三　　　　　　C. 一　　　　　　D. 四

38. 带传动具有（　　　）的特点。

A. 吸振和缓冲　　　　　　　　　　　　B. 传动比准确

C. 适用两传动轴中心距较小　　　　　　D. 效率高

39. 使用量块时，所选量块的数量一般不超过（　　）个。

A. 6　　　　　　　　B. 5　　　　　　　　C. 4　　　　　　　　D. 3

40. 在形位公差符号中，符号"◎"表示（　　）。

A. 圆度　　　　　　B. 圆柱度　　　　　C. 同轴度　　　　　D. 对称度

41. 对于"一般公差（未注公差的线性和角度尺寸的公差）"，下列说法中错误的是（　　）。

A. 图样上未标注公差的尺寸，表示加工时没有公差要求及相关的加工技术要求

B. 零件上的某些部位在使用功能上无特殊要求时，可给一般公差

C. 线性尺寸的一般公差是指在车间普通工艺条件下，机床设备一般加工能力可保证的公差

D. 一般公差主要用于较低精度的非配合尺寸

42. 下列量具中，不属于游标类量具的是（　　）。

A. 游标深度尺　　　　　　　　　　　B. 游标高度尺

C. 游标齿厚尺　　　　　　　　　　　D. 外径千分尺

43. 若组成运动副的两构件间的相对运动是移动，则称这种运动副为（　　）。

A. 转动副　　　　　B. 移动副　　　　　C. 球面副　　　　　D. 螺旋副

44. 车床主轴的径向圆跳动和轴向窜动属于（　　）精度。

A. 几何　　　　　　B. 运动　　　　　　C. 工作　　　　　　D. 表面

45. 螺纹连接的自锁条件为（　　）。

A. 螺纹升角≤当量摩擦角　　　　　　B. 螺纹升角＞摩擦角

C. 螺纹升角≥摩擦角　　　　　　　　D. 螺纹升角≥当量摩擦角

46. 偏心工件的装夹方法有：两顶尖装夹、四爪卡盘装夹、三爪卡盘装夹、偏心卡盘装夹、双重卡盘装夹、（　　）夹具装夹等。

A. 组合　　　　　　B. 随行　　　　　　C. 专用偏心　　　　D. 通用

47. 杠杆千分表的量程不超过（　　）mm。

A. 0.3　　　　　　B. 0.5　　　　　　C. 1　　　　　　　D. 0.8

48. 退火、正火一般安排在（　　）之后。

A. 毛坯制造　　　　B. 粗加工　　　　　C. 半精加工　　　　D. 精加工

49. 曲轴的直径较大或曲柄偏心距较小，有条件在两端面上打主轴颈及曲柄颈中心孔的工件，可采用（　　）装夹车削。

A. 两顶尖　　　　　B. 偏心卡盘　　　　C. 偏心夹板　　　　D. 偏移尾座

50. 自行车座垫上的弹簧主要作用是（　　）。

A. 控制运动　　　　B. 吸振、缓冲　　　C. 储存能量　　　　D. 测量力

51. 牌号为 45 的钢的含碳量为百分之（　　）。

A. 45　　　　　　　B. 4.5　　　　　　C. 0.45　　　　　　D. 0.045

52. V 带的传动性能主要取决于（　　）。

A. 强力层　　　　　B. 伸张层　　　　　C. 压缩层　　　　　D. 包布层

53. 机床丝杠的轴向窜动，会导致车削螺纹时（　　）的精度超差。

A. 螺距　　　　　　B. 直径　　　　　　C. 齿高　　　　　　D. 中径

54. 为了去除由于塑性变形、焊接等原因造成的应力以及铸件内存的残余应力而进行的热处理称为（   ）。

   A. 完全退火   B. 球化退火

   C. 去应力退火   D. 正火

55. 齿根弯曲疲劳强度计算主要用以校核（   ）形式的失效。

   A. 齿面点蚀   B. 齿面磨损

   C. 齿根折断   D. 齿面胶合

56. 一般主轴的加工工艺路线为：下料→锻造→退火（正火）→粗加工→调质→半精加工→（   ）→粗磨→低温时效→精磨。

   A. 失效   B. 淬火   C. 调质   D. 正火

57. 在给定一个方向时，平行度的公差带是（   ）。

   A. 距离为公差值 t 的两平行直线之间的区域

   B. 直径为公差值 t，且平行于基准轴线的圆柱面内的区域

   C. 距离为公差值 t，且平行于基准平面（或直线）的两平行平面之间的区域

   D. 正截面为公差值 t_1、t_2，且平行于基准轴线的四棱柱内的区域

58. 关于夹紧力大小的确定，下列叙述正确的是（   ）。

   A. 夹紧力尽可能大

   B. 夹紧力尽可能小

   C. 有少许夹紧力即可

   D. 夹紧力大小应通过计算并按完全系数校核得到

59. 制定工艺卡片时选择机床的（   ）应与工件尺寸大小相适应，做到合理使用设备。

   A. 规格   B. 精度   C. 类型   D. 品牌

60. 用水平仪检验机床导轨的直线度时，若把水平仪放在导轨的右端，气泡向右偏 2 格；若把水平仪放在导轨的左端，气泡向左偏 2 格，则此导轨是（   ）状态。

   A. 中间凸   B. 中间凹   C. 不凸不凹   D. 扭曲

得分	
评分人	

二、**判断题**（第 61 题～第 100 题。将判断结果填入括号中，正确的填"√"，错误的填"×"。每题 1 分，满分 40 分。）

61. 遵守法纪、廉洁奉公是每个从业者应具备的道德品质。   （   ）

62. 采用高度变位齿轮传动的中心距与原标准齿轮传动的中心距相等。   （   ）

63. 夹紧力的作用点应该有助于工件的定位，而不应破坏定位。   （   ）

64. 车床露在外面的滑动表面，擦干净后用油壶浇油润滑。   （   ）

65. 在去应力退火过程中，钢的组织不发生变化。   （   ）

66. 在滚动轴承与轴颈、外壳孔的配合中，起作用的是平均尺寸。   （   ）

67. 车床尾座与中、小滑板摇动手柄转动轴承部位，每班次至少加油一次。   （   ）

68. 在平面的定位中，定位元件平头支承钉最适用于粗基准的定位。 （　　）

69. 热继电器不能起到短路保护作用。 （　　）

70. 淬火后的钢，随着回火温度的增高，其强度和硬度也增高。 （　　）

71. 利用机械加工方法改变毛坯的形状、尺寸，使之成为成品零件的过程称为机械加工工艺过程。 （　　）

72. 淬透性好的钢，淬火后硬度一定很高。 （　　）

73. 合金工具钢的热处理性能比碳素工具钢好。 （　　）

74. 若在其他尺寸不变的条件下，某一组成环的尺寸变化引起封闭环的尺寸同向变化，则该类环称为减环。 （　　）

75. 用两顶尖装夹光轴，车出工件的尺寸在全长上有 0.1 mm 锥度，则在调整尾座按正确方向移动 0.05 mm 可达要求。 （　　）

76. 蜗杆的分度圆直径等于蜗杆的头数和模数的乘积。 （　　）

77. 手动闸刀适用于频繁操作。 （　　）

78. 车刀后角的作用主要是减小后面与加工表面之间的摩擦。 （　　）

79. 定位尺寸是确定各基本几何体大小的尺寸。 （　　）

80. 车床主轴间隙过大，会使车出的工件尺寸产生锥度。 （　　）

81. 具有几何学意义的要素称为基准要素。 （　　）

82. 滚花时，切削速度一般选择低速，为 5~7 m/min。 （　　）

83. 图形上未注出公差的尺寸，可以认为是没有公差要求的尺寸。 （　　）

84. 从工艺过程卡上可以看出加工工件所需要经过的各个工种，即加工过程中的工艺路线。 （　　）

85. 车削曲轴时，可在曲柄颈或主轴颈之间安装支撑物和夹板，以提高曲轴的加工刚度。 （　　）

86. 零件上的毛坯表面都可以作为定位时的精基准。 （　　）

87. 粗车选择切削用量时，首先尽量选大的切削速度。 （　　）

88. 管螺纹标记的尺寸代码（如 3/4），是指该管螺纹大径的基本尺寸。 （　　）

89. 不锈钢导热性差，因此车削时车刀上的温度较高，使车刀磨损加快。 （　　）

90. 在孔、轴的配合中，若 EI≥es，则此配合一定为间隙配合；若 EI≤es，则此配合一定为过盈配合。 （　　）

91. 车孔时，车刀装得高于工件中心，工作前角增大，工作后角减小。 （　　）

92. 由加工形成的在零件上实际存在的要素称为被测要素。 （　　）

93. CA6140 型卧式车床的主轴有 24 级转速。 （　　）

94. "真诚赢得信誉、信誉带来效益"和"质量赢得市场，质量成就事业"都体现了"诚实守信"的基本要求。 （　　）

95. 在同一尺寸段内，公差等级代号数字越小，则标准公差数值越小。 （　　）

96. 斜齿圆柱齿轮在传动中，产生的轴向和圆周分力的大小，与轮齿的螺旋角大小有关，与压力角无关。 （　　）

97. 螺旋角越大，斜齿轮传动越平稳。 （　　）

98. 精车端面时，若工件端面的平面度和垂直度超差，则与机床有关的主要原因是中滑

板对主轴轴线的垂直度误差较大。 （　　）

99．车削中，在保证产品质量的前提下，毛坯的余量应尽量减少，这样可以减少加工余量，以缩短机动时间。 （　　）

100．机床主轴轴向窜动量超差，精车端面时会产生端面的平行度和垂直的超差。

（　　）

普通车工应知测试题五

注 意 事 项

1. 本试卷依据 2001 年颁布的《车工》国家职业标准命制，考试时间：60 分钟。
2. 请在试卷标封处填写姓名、准考证号和所在单位的名称。
3. 请仔细阅读答题要求，在规定位置填写答案。

题型	一	二	总分
得分			

得分	
评分人	

一、单项选择题（第 1 题～第 60 题。选择一个正确的答案，将相应的字母填入题内的括号中。每题 1 分，满分 60 分。）

1. 为人民服务的精神在职业生活中最直接体现的职业道德规范是（　　）。
   A. 爱岗敬业　　　　B. 诚实守信　　　　C. 办事公道　　　　D. 服务群众

2. 中滑板导轨与主轴中心线（　　）超差，将造成精车工件端面时，产生中凹或中凸现象。
   A. 平面度　　　　　B. 垂直度　　　　　C. 直线度　　　　　D. 平行度

3. 螺纹有五个基本要素，它们是（　　）。
   A. 牙型、直径、螺距、旋向和旋合长度
   B. 牙型、直径、螺距、线数和旋向
   C. 牙型、直径、螺距、导程和线数
   D. 牙型、直径、螺距、线数和旋合长度

4. 为保证实际配合状态不超出允许的最松状态，必须用最小实体尺寸控制实际要素的（　　）。
   A. 局部实际尺寸　　　　　　　　B. 体外作用尺寸
   C. 体内作用尺寸　　　　　　　　D. 最大极限尺寸

5. 偏心距较小时，百分表指示的最大值与最小值（　　）即为零件的偏心距。
   A. 之差　　　　　B. 之差的一半　　C. 和的一半　　　D. 一半的和

6. 车床主轴的生产类型为（　　）。
   A. 单件生产　　　B. 成批生产　　　C. 大批量生产　　D. 不确定

7. 偏心轴的结构特点是两轴线平行而（　　）。

A. 重合　　　　　　B. 不重合　　　　　C. 倾斜30°　　　　　D. 不相交

8. 在同一尺寸段内，尽管基本尺寸不同，但只要公差等级相同，其标准公差值就（　　　）。

A. 可能相同　　　　　B. 一定相同　　　　C. 一定不同　　　　D. 无法判断

9. 在一台车床上对一个孔连续进行钻孔—扩孔—铰孔加工，其工艺过程为（　　　）工步。

A. 一个　　　　　　B. 三个　　　　　　C. 复合　　　　　　D. 组合

10. 某机械厂的一位领导说："机械工业工艺复杂，技术密集，工程师在图纸上画得再好、再精确，工人操作中如果差那么一毫米，最终出来的可能就是废品。"这段话主要强调（　　　）素质的重要性。

A. 专业技能　　　　　B. 思想政治　　　　C. 职业道德　　　　D. 身心素质

11. 当钢材的硬度在（　　　）范围内时，其加工性能较好。

A. 20～40HRC　　　B. 160～230HBS　　C. 58～64HRC　　D. 500～550HBW

12. 修整砂轮一般用（　　　）。

A. 油石　　　　　　B. 金刚石　　　　　C. 硬质合金刀　　　D. 高速钢

13. 轴类零件孔加工应安排在调质（　　　）进行。

A. 以前　　　　　　B. 以后　　　　　　C. 同时　　　　　　D. 前或后

14. 销是一种（　　　），形状和尺寸已标准化。

A. 标准件　　　　　B. 连接件　　　　　C. 传动件　　　　　D. 固定件

15. 对于公差的数值，下列说法中正确的是（　　　）。

A. 必须是正值　　　　　　　　　　　　B. 必须大于等于零

C. 必须为负值　　　　　　　　　　　　D. 可以为正、零、负值

16. 载荷小而平稳，主要承受径向载荷，转速高应选用滚动轴承的类型代号是（　　　）。

A. 0000　　　　　　B. 7000　　　　　　C. 1000　　　　　　D. 8000

17. 轴类零件孔加工应安排在调质（　　　）进行。

A. 以前　　　　　　B. 以后　　　　　　C. 同时　　　　　　D. 前或后

18. 下面哪一个对装配基准的解释是正确的（　　　）。

A. 装配基准是虚拟的　　　　　　　　　B. 装配基准是定位基准是同一个概念

C. 装配基准真实存在　　　　　　　　　D. 装配基准和设计基准一定重合

19. 当曲柄的极位夹角（　　　）时，曲柄摇杆机构才有急回运动。

A. $\theta < 0$　　　　　　　　　　　　B. $\theta = 0$。

C. $\theta > 0$。　　　　　　　　　　　D. 三种情况都可以

20. 定心夹紧机构的定位兼夹紧元件往往是（　　　）工件。

A. 等速趋近等速退离　　　　　　　　　B. 等速趋近不等速退离

C. 不等速趋近不等速退离　　　　　　　D. 不等速趋近等速退离

21. 对"我为人人，人人为我"的正确理解是（　　　）。

A. 我在为每一个人服务，所以每一个人都要为我服务

B. 每一个从业人员都在相互服务的情况下生活着，人人都是服务对象，人人又都在为他人服务

C. 人人如果不为我服务，我也不为人人服务

D. "我为人人"是手段，"人人为我"是目的

22. 标准丝锥切削部分的前角为（　　）。

A. 5°~6°　　　　　　　B. 6°~7°　　　　　　C. 8°~10°　　　　　　D. 12°~16°

23. 图样中绘制斜度及锥度时，其线宽为（　　）。

A. $h/14$（h 为字体高度）　　　　　　　B. $h/10$

C. $d/2$（d 为粗实线线宽）　　　　　　D. $d/3$

24. 在任何尺寸链，只有一个（　　）。

A. 增环　　　　　　　B. 减环　　　　　　　C. 封闭环　　　　　　D. 组成环

25. 在卧式车床的主轴加工时，外圆表面和锥孔要多次互为基准加工，这样做是为了
（　　）。

A. 修磨中心孔　　　　　　　　　　　　　B. 装夹可靠

C. 保证外圆轴线和锥孔轴线的同轴度要求　　D. 减小加工时工件的变形

26. （　　）类合金（YG）是由 Wc 和 Co 组成的，其韧性、磨削性能和导热性好。

A. 钨钴　　　　　　　　　　　　　　　　B. 钨钴钛

C. 钨钛钽（铌）钴　　　　　　　　　　　D. 陶瓷

27. 长丝杠和光杠的转速较高、润滑条件差，必须（　　）加油。

A. 每周　　　　　　　B. 每班次　　　　　　C. 每天　　　　　　D. 每小时

28. 下面哪一个对装配基准的解释是正确的（　　）。

A. 装配基准是虚拟的　　　　　　　　　　B. 装配基准是定位基准是同一个概念

C. 装配基准真实存在　　　　　　　　　　D. 装配基准和设计基准一定重合

29. （　　）牌号的硬质合金，适用于铸铁、有色金属及其合金的粗加工，也可断续
切削。

A. YG8　　　　　　　B. YT15　　　　　　　C. YNo5　　　　　　D. YT5

30. 标注形位公差代号时，形位公差框格左起第一格应填写（　　）。

A. 形位公差项目名称　　　　　　　　　　B. 形位公差项目符号

C. 形位公差数值及有关符号　　　　　　　D. 基准代号

31. 基轴制配合中必会出现的字母是（　　）。

A. k　　　　　　　　B. h　　　　　　　　C. K　　　　　　　　D. H

32. 中心架支承爪和工件的接触应该（　　）。

A. 非常紧　　　　　　　　　　　　　　　B. 非常松

C. 松紧适当　　　　　　　　　　　　　　D. A、B 和 C 都不对

33. 定位时用来确定工件在（　　）中位置的表面，点或线称为定位基准。

A. 机床　　　　　　　B. 夹具　　　　　　　C. 运输机械　　　　　D. 机床工作

34. 车削薄壁零件时，应控制主偏角，使进给力 F_f 和背向力 F_p 朝向工件（　　）方向
减小。

A. 刚性差　　　　　　B. 刚性好　　　　　　C. 轴线45°　　　　　　D. 轴线

35. 杆因导程大，齿形深，切削面积大，车削时产生的切削力也大，因此车多头蜗杆不
得采用（　　）装夹。

A. 三爪自定心卡盘　　　B. 一夹一顶　　　C. 两顶尖　　　　　D. 四爪卡盘

36. 不完全定位限制的自由度数目主要取决于（　　　）。

A. 该工件的加工要求　　　　　　　　B. 定位元件的数目

C. 工件的形状　　　　　　　　　　　D. 工件大小

37. 确定底孔直径的大小，要根据工件的（　　　）、螺纹直径的大小来考虑。

A. 大小　　　　　　B. 螺纹深度　　　　C. 重量　　　　　　D. 材料性质

38. 百分表的测量范围一般为 0～3 mm、0～5 mm、0～10 mm，大量程百分表的测量范围可达（　　　）mm。

A. 20　　　　　　　B. 50　　　　　　　C. 100　　　　　　D. 80

39. 用于判别具有表面粗糙度特性的一段基准线长度称为（　　　）。

A. 基本长度　　　　B. 评定长度　　　　C. 取样长度　　　D. 轮廓长度

40. 安装内径指示表可换测头时，应使被测尺寸处于活动测头移动范围的（　　　）位置上。

A. 上限　　　　　　B. 下限　　　　　　C. 中间　　　　　　D. 都可以

41. 锯条在制造时，使锯齿按一定的规律左右错开，排列成一定形状，称为（　　　）。

A. 锯齿的切削角度　　B. 锯路　　　　　　C. 锯齿的粗细　　　D. 锯割

42. 万能角度尺尺身刻线每格为 1°，游标的刻线是将对应于尺身上 29° 的弧长等分为 30 格，则游标上每格所对应的角度为（　　　）。

A. 30′　　　　　　　B. 55′　　　　　　　C. 58′　　　　　　D. 60′

43. 圆柱度公差可以同时控制（　　　）。

A. 同轴度　　　　　　　　　　　　　　B. 径向全跳动

C. 素线与轴线的直线度　　　　　　　　D. 轴线对端面的垂直度

44. 铰链四杆机构的死点位置发生在（　　　）的共线位置。

A. 从动件与连杆　　　　　　　　　　　B. 从动件与机架

C. 主动件与连杆　　　　　　　　　　　D. 主动件与机架

45. 三角形角度量块的工作角角度值为（　　　）。

A. 0°～10°　　　　　B. 0°～90°　　　　　C. 10°～79°　　　D. 79°～90°

46. 工件的定位基准与设计基准重合，就可以避免（　　　）产生。

A. 基准位移误差　　　　　　　　　　　B. 基准不重合误差

C. 加工误差　　　　　　　　　　　　　D. 累计误差

47. 在一般机械传动中，若需要采用带传动，应优先选用（　　　）。

A. 圆型带传动　　　　　　　　　　　　B. 同步带传动

C. V 形带传动　　　　　　　　　　　　D. 平型带传动

48. 跟刀架固定在床鞍上可以跟着车刀来抵消（　　　）切削力。

A. 主　　　　　　　B. 轴向　　　　　　C. 径向　　　　　　D. 都可以

49. 测量两平行非完整孔的中心距时应选用（　　　）百分表、内径千分尺和千分尺等。

A. 外径　　　　　　B. 杠杆　　　　　　C. 活动　　　　　　D. 内径

50. 多线螺纹分线时产生的误差，会造成多线螺纹的（　　　）不等，严重影响螺纹的配合精度，降低使用寿命。

A. 螺距   B. 导程   C. 牙形角   D. 粗糙度

51. 设计专用偏心夹具装夹并加工曲轴类工件，最适用于下面哪种生产类型（   ）。

A. 单件生产   B. 小批量生产   C. 大批量生产   D. 产品试件生产

52. 在曲柄摇杆机构中，只有当（   ）为主动件时，机构才会出现"死点"位置。

A. 曲柄   B. 摇杆   C. 连杆   D. 滑块

53. 为提高灰铸铁的表面硬度和耐磨性，采用（   ）热处理方法效果较好。

A. 接触电阻加热表面淬火   B. 等温淬火

C. 渗碳后淬火加低温回火   D. 退火

54. 在三爪自定心卡盘上车偏心工件时，垫片厚度大约等于偏心距的（   ）倍。

A. 0.5   B. 1.5   C. 2   D. 2.5

55. 黄铜是（   ）。

A. 铜与锡的合金   B. 铜与铝的合金

C. 铜与锌的合金   D. 纯铜

56. 在两顶尖间测量偏心距时，百分表指出的（   ）就等于偏心距。

A. 最大值和最小值之差的一半   B. 最大值和最小值之差

C. 最大值和最小值之差的两倍   D. 最大值和最小值之差的一倍

57. 下列不属于黑色金属的是（   ）。

A. 灰铸铁   B. 铸造碳钢   C. 工具钢   D. 铜

58. 细长轴的刚性很差，在切削力、重力和离心力的作用下会使工件弯曲变形，车削中极易产生（   ）。

A. 表面不光滑   B. 振动   C. 加工精度低   D. 变形

59. 45 钢按用途分属于（   ）钢。

A. 低碳   B. 中碳   C. 优质   D. 结构

60. 减速器箱体加工过程第一阶段完成（   ）、连接孔、定位孔的加工。

A. 侧面   B. 端面   C. 轴承孔   D. 主要平面

得分	
评分人	

二、判断题（第 61 题~第 100 题。将判断结果填入括号中，正确的填"√"，错误的填"×"。每题 1 分，满分 40 分。）

61. 办事公道即是市场的内在要求，更是市场经济良性运作的有效保证。 （   ）

62. 斜齿轮传动的平稳性和同时参加啮合的齿数都比直齿轮高，所以斜齿轮多用于高速传动。 （   ）

63. 车床主轴与轴承间隙过小或松动，则被加工零件产生圆度误差。 （   ）

64. 麻花钻的后角变小时，横刃斜角也随之变小，横刃变长。 （   ）

65. 调质钢与正火钢比较，不仅强度高，塑性和韧性也好。 （   ）

66. 车削短轴可直接用卡盘装夹。 （   ）

67. 测量小电流时，可将被测导线多绕几匝，然后测量。 （   ）

68. 剖视图可分别采用三种剖切面，它们并不适用于断面图。 （ ）

69. 间隙配合的特征是最大间隙和最小间隙；过盈配合的特征是最大过盈和最小过盈；过渡配合的特征是最大间隙和最大过盈。 （ ）

70. 坚持集体主义这个职业道德的基本原则，最重要的是摆正国家利益、集体利益和个人利益的关系。 （ ）

71. 机床夹具按其通用化程度一般可分为通用夹具、专用夹具、成组可调夹具和组合夹具等。 （ ）

72. 在间隙配合中，间隙的大小等于孔的实际尺寸减去相配合的轴的实际尺寸。 （ ）

73. 在夹具中用合理分布与工件接触的六个支承点来限制工件的六个自由度的规则叫六点定则。 （ ）

74. 同一条螺旋线相邻两牙在中径线上对应点之间的轴向距离称为导程。 （ ）

75. 基本尺寸是设计时给定的尺寸，因此零件的实际尺寸越接近基本尺寸越好。 （ ）

76. 在加工工序图中确定本工序加工表面的位置的基准称为工序基准。 （ ）

77. 碳素工具钢的常温硬度为 60~64HRC。 （ ）

78. 车削铸造铜合金时，切屑呈崩碎状，刀具可选择较大前角。 （ ）

79. 对于箱体、支架和连杆等工件，应先加工平面后加工孔。 （ ）

80. 斜视图仅适用于表达所有倾斜结构的实形。 （ ）

81. 车床主轴箱内注入的新油油面不得高于游标中心线，防止漏油。 （ ）

82. 对于曲面形状较短、生产批量较多的特形面，可使用成形刀（样板刀）一次车削加工成形。 （ ）

83. 正火是将钢件加热到临界温度以上 30℃~50℃，保温一段时间，然后再缓慢冷却下来。 （ ）

84. 低碳钢的强度、硬度低，但具有良好的塑性、韧性及焊接性能。 （ ）

85. 刀具磨损分为三个阶段。 （ ）

86. 当圆柱体在 V 形块中定位时，定位基准是外圆柱面。 （ ）

87. 在被测要素中，仅给出形状公差要求的要素都为单一要素。 （ ）

88. 使用万用表测量电阻时，应使被测电阻尽量接近标尺中心。 （ ）

89. 直齿锥齿轮用于相交轴齿轮传动，两轴的轴交角可以是 90°，也可以不是 90°。 （ ）

90. 基准要素必为实际要素。 （ ）

91. 标注弧长时，弧长的符号应注在弧长的数值前方。 （ ）

92. 成批生产的特点是工件的数量较多，成批地进行加工，并会周期性重复生产。 （ ）

93. 图样中标注的螺纹长度均指不包括螺尾在内的有效螺纹长度；否则，应另加说明或按实际需要标注。 （ ）

94. 由于不锈钢塑性大、韧性好，因此切削变形小，相应切削力、切削热也小。 （ ）

95．车削薄壁零件的关键是变形问题，影响变形最大的因素是夹紧力和切削力。

（　　）

96．在测量中，粗大误差须予以剔除，系统误差可以修正。 （　　）

97．主轴箱换油时先将箱体内部用煤油清洗干净，然后再加油。 （　　）

98．同一模数和同一压力角，但不同齿数的两个齿轮，可以使用同一把齿轮刀具进行加工。

（　　）

99．用装在尾座套筒锥孔中的刀具进行钻、扩、铰孔时，尾座套筒锥孔轴线对滑板移动的平行度误差会使加工孔的孔径扩大。 （　　）

100．量块是没有刻度的量具。 （　　）

普通车工应知测试题六

注 意 事 项

1. 本试卷依据2001年颁布的《车工》国家职业标准命制，考试时间：60分钟。
2. 请在试卷标封处填写姓名、准考证号和所在单位的名称。
3. 请仔细阅读答题要求，在规定位置填写答案。

题型	一	二	总分
得分			

得分	
评分人	

一、单项选择题（第1题~第60题。选择一个正确的答案，将相应的字母填入题内的括号中。每题1分，满分60分。）

1. 国家对达到职业资格所规定的必备知识、技术和能力的劳动者颁发的证明是( )。
   A. 学历证书　　　　B. 职业资格证书　　C. 就业资格证书　　D. 开业资格证书

2. 卧式车床主轴轴线对溜板移动的平行度，在水平平面内允许 ( )。
   A. 向前偏　　　　　　　　　　　　B. 向后偏
   C. 向前偏或向后偏都可以　　　　　D. 向前偏或向后偏都不可以

3. 国标规定，外螺纹的小径应画 ( )。
   A. 点划线　　　　B. 粗实线　　　　C. 细实线　　　　D. 虚线

4. 评定表面粗糙度的取样长度至少应包含 ( ) 个峰谷
   A. 3　　　　　　B. 5　　　　　　C. 8　　　　　　D. 9

5. 决定从动件预定的运动规律是 ( )。
   A. 凸轮转速　　　B. 凸轮轮廓曲线　　C. 凸轮形状　　　D. 都有可能

6. ( ) 机构可使从动件得到较大的行程。
   A. 盘形凸轮　　　B. 圆柱凸轮　　　C. 移动凸轮　　　D. 端面凸轮

7. 从蜗杆零件的 ( ) 可知该零件的名称、线数、材料及比例。
   A. 装配图　　　　B. 标题栏　　　　C. 剖面图　　　　D. 技术要求

8. 同轴度公差和对称度公差的相同之处是 ( )。
   A. 确定公差带位置的理论正确尺寸为零　　B. 被测要素均为中心要素
   C. 基准要素均为中心要素　　　　　　　　D. 公差带形状相同

9. 轴上有多个退刀槽或越程槽时，最好选取相同的尺寸，（　　　）。

A. 以便于加工   B. 以方便装配

C. 以减少压力集中   D. 以方便轴上零件的定位

10. 箱体重要加工表面要划分（　　　）两个阶段。

A. 粗、精加工   B. 基准与非基准   C. 大与小   D. 内与外

11. 锉削外圆弧面采用的是板锉，要完成的运动是（　　　）。

A. 前进运动   B. 锉刀绕工件圆弧中心的转动

C. 前进运动和锉刀绕工件圆弧中心的转动   D. 前进运动和随圆弧面向左或向右移动

12. 用铰手攻螺纹时，当丝锥的切削部分全部进入工件，两手用力要（　　　）地旋转，不能有侧向的压力。

A. 较大   B. 很大   C. 均匀、平稳   D. 较小

13. 用硬质合金梯形螺纹刀车削 $P < 8$ 梯形螺纹时，一般使用（　　　）进给。

A. 左右切削   B. 直进法

C. 用三排车刀依次车削   D. 斜进法

14. 车削细长轴时，为了减小切削力和切削热，车刀的前角一般（　　　）。

A. $< 15°$ B. $> 30°$ C. $15° \sim 30°$ D. 为负值

15. 下列哪一项没有违反诚实守信的要求（　　　）。

A. 保守企业秘密

B. 派人打进竞争对手内部，增强竞争优势

C. 根据服务对象来决定是否遵守承诺

D. 凡有利于企业利益的行为

16. 无论外螺纹或内螺纹，在剖视图或断面图中的剖面线都应画（　　　）。

A. 细直线   B. 牙底线   C. 粗实线   D. 牙底圆

17. 万能角度尺的测量范围为（　　　）。

A. $0° \sim 90°$ B. $0° \sim 180°$ C. $0° \sim 320°$ D. $0° \sim 360°$

18. 圆的直径一般标注在（　　　）上。

A. 主视图   B. 俯视图   C. 左视图   D. 非圆视图

19. 下列不属于随机误差的特性是（　　　）。

A. 单峰性   B. 可逆性   C. 抵偿性   D. 对称性

20. 在工艺过程卡片中，对（　　　）一般不做严格区别。

A. 工步和进给   B. 安装和工位   C. 工步和工位   D. 安装和进给

21. 车床丝杠的纵向进给和横向进给运动是（　　　）。

A. 齿轮传动   B. 液化传动   C. 螺旋传动   D. 蜗杆副传动

22. 45 钢退火后的硬度通常采用（　　　）硬度试验法来测定。

A. 洛氏   B. 布氏   C. 维氏   D. 肖氏

23. 轴向间隙是直接影响（　　　）的传动精度。

A. 齿轮传动   B. 液化传动   C. 蜗杆副传动   D. 丝杠螺母副

24. 使用万能角度尺的注意事项按顺序排列的是（　　　）。

① 使用前，除要擦净角度尺和工件外，还要检查万能角度尺测量面是否有锈迹和毛刺，

活动件是否灵活、平稳，能否固定在规定的位置上。

② 应将游标的零线对准主尺的零线，游标的尾线对准主尺相应的刻线，再拧紧固定螺钉。

③ 操作时，应先松开制动器上的螺母，移动主尺进行粗调整，然后转动游标背面的把手进行细调整，直至万能角度尺的两侧面与被测工件的表面紧密接触，最后拧紧制动器上的螺母并读数。

④ 测量完毕后，松开各紧固件，取下直尺、直角尺和卡块等，然后擦净、上防锈油，装入专用盒内。

A. ①②③④ B. ①③②④ C. ①③④② D. ①④③②

25. 以下关于节俭的说法，你认为正确的是（ ）。

A. 节俭是美德但不利于拉动经济增长

B. 节俭是物质匮乏时代的需要，不适应现代社会

C. 生产的发展主要靠节俭来实现

D. 节俭不仅具有道德价值，也具有经济价值

26. 当工件的（ ）个自由度被限制后，该工件的空间位置就被完全确定。

A. 三 B. 五 C. 六 D. 四

27. 量块通常采用线胀系数小、性能稳定、耐磨、不易变形的材料制成，下列可以用来制作量块的材料是（ ）。

A. 碳钢 B. 45 钢 C. 铬锰钢 D. 不锈钢

28. 夹紧元件施加夹紧力的方向尽量与工件重力方向（ ），以减小所需的最小夹紧力。

A. 一致 B. 倾斜 C. 相反 D. 都可以

29. 不完全定位限制的自由度数目主要取决于（ ）。

A. 该工件的加工要求 B. 定位元件的数目

C. 工件的形状 D. 工件大小

30. 下列一组公差带代号，哪一个可与基准孔 $\phi42H7$ 形成间隙配合。（ ）

A. $\phi42g6$ B. $\phi42n6$ C. $\phi42m6$ D. $\phi42s6$

31. $\phi40H7/f6mm$ 是（ ）配合。

A. 过渡 B. 间隙 C. 过盈 D. 精密

32. 属于形状公差的是（ ）。

A. 圆柱度 B. 垂直度 C. 同轴度 D. 圆跳动

33. 属于形状公差的是（ ）。

A. 同轴度 B. 垂直度 C. 平面度 D. 圆跳动

34. 当生产批量大时，从下面选择出一种最好的曲轴加工方法（ ）。

A. 直接两顶尖装夹 B. 偏心卡盘装夹

C. 专用偏心夹具装夹 D. 使用偏心夹板在两顶尖间装夹

35. 对表面粗糙度影响最大的是（ ）。

A. 切削速度 B. 进给量 C. 背吃刀量 D. 切削宽度

36. 定位基准可以是工件上的（ ）。

A. 实际表面
B. 几何中心
C. 对称线或面
D. 实际表面、几何中心和对称线或面

37. 螺纹的配合精度主要取决于螺纹中径的（　　　）。

A. 公差　　　　　B. 偏差　　　　　C. 实际尺寸　　　　　D. 公称尺寸

38. 有一个小型三拐曲轴，生产类型为单件生产，从下面选项中选出一种最好的装夹方法（　　　）。

A. 设计专用夹具装夹

B. 在两端预铸出工艺搭子，打中心孔，用顶尖装夹

C. 偏心卡盘装夹

D. 使用偏心夹板装夹

39. 精度较高的轴类零件，矫正时应用（　　　）来检查矫正情况。

A. 钢板尺　　　　　B. 平台　　　　　C. 游标卡尺　　　　　D. 百分表

40. 四角形角度量块的工作角度值为（　　　）。

A. 0°～10°　　　　B. 0°～100°　　　　C. 10°～80°　　　　D. 80°～100°

41. 65Mn 钢按含碳量分属于（　　　）钢。

A. 低碳　　　　　B. 中碳　　　　　C. 高碳　　　　　D. 结构

42. 铰链四杆机构中，若最短杆与最长杆长度之和小于其余两杆长度之和，则为了获得曲柄摇杆机构，其机架应取（　　　）。

A. 最短杆
B. 最短杆的相邻杆
C. 最短杆的相对杆
D. 任何一杆

43. 齿轮传动中，轮齿齿面的疲劳点蚀经常发生在（　　　）。

A. 齿根部分
B. 靠近节线处的齿根部分
C. 齿顶部分
D. 靠近节线处的齿顶部分

44. 铰孔的精度主要决定于铰刀的尺寸，铰刀最好选择被加工孔公差带中间（　　　）左右的尺寸。

A. 1/2　　　　　B. 1/3　　　　　C. 1/4　　　　　D. 1/5

45. 量具在使用过程中，与工件（　　　）放在一起。

A. 不能　　　　　B. 能　　　　　C. 有时能　　　　　D. 有时不能

46. 车细长轴时，跟刀架卡爪与工件的接触压力太小，或根本就没有接触到，这时车出的工件会出现（　　　）。

A. 竹节形　　　　　B. 麻花形　　　　　C. 频率振动　　　　　D. 鼓形

47. 当曲柄摇杆机构的摇杆带动曲柄运动时，曲柄在"死点"位置的瞬时运动方向是（　　　）。

A. 原运动方向　　　　B. 反方向　　　　C. 不定的　　　　D. 垂直方向

48. 预备热处理的目的是改善加工性能，为最终热处理做准备和消除残余应力。所以它应安排在（　　　）和需要消除应力的时候。

A. 粗加工前、后　　　B. 半精加工后　　　C. 精加工前　　　D. 精加工后

49. 熔断器额定电流的选择与（　　　）无关。

A. 使用环境
B. 负载性质

C. 线路的额定电压　　　　　　　　D. 开关的操作频率

50. 最终热处理的工序位置一般均安排在（　　）之后。

A. 粗加工　　　　B. 半精加工　　　　C. 精加工　　　　D. 超精加工

51. 车床丝杆螺距为 12 mm，加工螺纹不会乱牙的螺距是（　　）mm。

A. 8　　　　　　　B. 2　　　　　　　C. 5　　　　　　　D. 4

52. 普通三角形螺纹中径计算公式是（　　）。

A. $d_2 = d - P$　　　　　　　　　B. $d_2 = d - 0.5P$

C. $d_2 = d - 0.6495P$　　　　　　D. $d_2 = d - 0.3P$

53. 下列牌号中属于工具钢的有（　　）。

A. 20　　　　　　B. 65Mn　　　　　C. T10A　　　　　D. Q235 - A·F

54. 铰孔时两手用力不均匀会使（　　）。

A. 孔径缩小　　　B. 孔径扩大　　　C. 孔径不变化　　　D. 铰刀磨损

55. 滚花时，切削速度一般选择（　　）。

A. 高速　　　　　B. 中等　　　　　C. 低速　　　　　D. 80～100 m/mm

56. 将一个连接盘工件装夹在分度头上钻六个等分孔，钻好一个孔后要分度一次钻第二个孔，钻削该工件的六个等分孔就有（　　）。

A. 六个工位　　　B. 六道工序　　　C. 六次安装　　　D. 六点定位

57. 浇油润滑通常用于（　　）。

A. 外露表面　　　B. 主轴箱　　　　C. 齿轮箱　　　　D. 以上三项

58. 三针测量用的量针直径如果太大，则量针的横截面与螺纹牙侧不相切，无法量得（　　）的实际尺寸。

A. 顶径　　　　　B. 中径　　　　　C. 小径　　　　　D. 大径

59. 用（　　）测量偏心距，必须准确测量基准圆和偏心圆直径的实际尺寸，否则计算偏心距会出现误差。

A. 两顶尖支撑　　B. V 形铁支撑　　C. 间接法　　　　D. 直接法

60. 蜗杆粗车刀要求左右切削刃之间的夹角（　　）两倍齿形角。

A. 小于　　　　　B. 等于　　　　　C. 大于　　　　　D. 都有可能

得分	
评分人	

二、判断题（第 61 题～第 100 题。将判断结果填入括号中，正确的填"√"，错误的填"×"。每题 1 分，满分 40 分。）

61. 办事公道既是市场的内在要求，更是市场经济良性运作的有效保证。（　　）

62. 斜齿圆柱齿轮计算基本参数是：标准模数、标准压力角、齿数和螺旋角。（　　）

63. 淬火后的钢，回火温度越高，回火后的强度和硬度也越高。（　　）

64. 组合体上标注的尺寸，一般情况下包括定位尺寸和定形尺寸。（　　）

65. 使用切削液可减小细长轴热变形伸长。（　　）

66. 只要孔和轴装配在一起，就必然形成配合。（　　）

67. 一夹一顶装夹，适用于工序较多、精度较高的工件。 （　　）

68. 麻花钻的顶角大时，前角也大，切削省力。 （　　）

69. 千分尺若受到撞击造成旋转不灵，操作者应立即拆卸，进行检查和调整。 （　　）

70. 刀具材料的种类很多，常用的分为四大类。 （　　）

71. 强力切削大模数多头蜗杆时，整个车削过程分粗车、半精车和精车三个步骤。 （　　）

72. 在细长轴的定位装夹过程中，有时会出现过定位现象，这样做是不对的。 （　　）

73. 过渡刃在精加工时，主要起增强刀具强度的作用。 （　　）

74. 奉献与索取成正比例，奉献越多，索取就越多，即钱多多干、钱少少干、无钱不干。 （　　）

75. 当工件以双孔和底面在两圆柱销和一平面上定位时，肯定不会发生干涉现象。 （　　）

76. 减小主偏角可以提高刀具寿命。 （　　）

77. 对车床进行保养的主要内容是：清洁和必要的调整。 （　　）

78. 用46块一套的量块，组合95.552的尺寸，其量块的选择为：102、1.05、1.5、2、90共五块。 （　　）

79. 在图样上给出了形状或位置公差要求的要素称为实际要素。 （　　）

80. 变压器在改变电压的同时，也改变了电流和频率。 （　　）

81. 当定位基准和工序基准不重合时会产生一定的定位误差，此误差我们称为基准不重合误差。 （　　）

82. 齿轮加工中是否产生根切现象，主要取决于齿轮的齿数。 （　　）

83. 四爪卡盘装夹偏心工件适用于偏心长度短、大批量的生产。 （　　）

84. 凡在配合中可能出现间隙的，其配合性质一定是属于间隙配合。 （　　）

85. 工具钢含碳量越多，材料韧性越强，耐磨性也越强。 （　　）

86. 平面连杆机构各构件的运动轨迹必在同一平面或平行平面内。 （　　）

87. 偏心轴类零件和阶梯轴类工件的装夹方法完全相同。 （　　）

88. 用仿形法加工直齿圆柱齿轮，当 z_{min} <17 时产生根切。 （　　）

89. 视图、剖视图等画法和标注规定只适用于零件图，不适用于装配图。 （　　）

90. 单件生产时，应尽量利用现有的专用设备和工具。 （　　）

91. 职工必须严格遵守各项安全生产规章制度。 （　　）

92. 淬硬钢经淬火后塑性降低，因此切削过程中塑性变形小，不易产生积屑瘤，可减小加工表面粗糙度值。 （　　）

93. 普通螺纹标记中的公称直径是指螺纹的大径。 （　　）

94. 垂直度公差用来控制零件上被测要素相对于基准要素的方向偏离90°的程度。 （　　）

95. 分度值也叫刻度值、精度值，简称精度。 （　　）

96. 主轴箱和溜板箱等内的润滑油一般半年需更换一次。 （　　）

97. 床身导轨的平行度检验是将水平仪横向放置在中滑板上，纵向等距离移动大滑板进行的。 （　　）

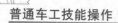

98. 车床丝杠的横向和纵向进给运动是螺旋传动。 （　　）

99. 只有当限制的自由度数目超过六个时才产生重复定位。 （　　）

100. 分度头的分度原理，手柄心轴上的螺杆为单线，主轴上蜗轮齿数为40，当手柄转过一周，分度头主轴便转动1/40周。 （　　）

普通车工应知测试题参考答案

普通车工应知测试题一参考答案

一、单项选择题（第 1 题~第 60 题。选择一个正确的答案，将相应的字母填入题内的括号中。每题 1 分，满分 60 分。）

1	2	3	4	5	6	7	8	9	10
A	C	B	B	D	D	B	C	D	A
11	12	13	14	15	16	17	18	19	20
D	D	C	C	C	C	A	A	A	C
21	22	23	24	25	26	27	28	29	30
B	A	C	B	D	B	B	A	A	C
31	32	33	34	35	36	37	38	39	40
C	C	C	A	D	A	A	D	C	B
41	42	43	44	45	46	47	48	49	50
A	D	C	B	D	A	B	B	B	B
51	52	53	54	55	56	57	58	59	60
B	A	B	C	C	A	C	B	C	B

二、判断题（第 61 题~第 100 题。将判断结果填入括号中，正确的填"√"，错误的填"×"。每题 1 分，满分 40 分。）

61	62	63	64	65	66	67	68	69	70
√	√	√	×	×	√	×	√	√	√
71	72	73	74	75	76	77	78	79	80
√	×	×	×	×	√	×	×	√	×
81	82	83	84	85	86	87	88	89	90
√	×	√	√	×	√	√	√	√	√
91	92	93	94	95	96	97	98	99	100
√	√	×	√	×	√	×	√	×	×

普通车工应知测试题二参考答案

一、单项选择题（第1题～第60题。选择一个正确的答案，将相应的字母填入题内的括号中。每题1分，满分60分。）

1	2	3	4	5	6	7	8	9	10
B	D	C	D	A	C	B	A	C	A
11	12	13	14	15	16	17	18	19	20
C	D	B	B	C	B	A	A	A	B
21	22	23	24	25	26	27	28	29	30
A	C	A	C	C	B	B	C	B	C
31	32	33	34	35	36	37	38	39	40
B	C	B	A	C	C	B	C	B	D
41	42	43	44	45	46	47	48	49	50
A	A	B	A	A	B	C	B	A	A
51	52	53	54	55	56	57	58	59	60
A	A	C	A	C	A	C	B	C	A

二、判断题（第61题～第100题。将判断结果填入括号中，正确的填"√"，错误的填"×"。每题1分，满分40分。）

61	62	63	64	65	66	67	68	69	70
√	×	×	√	√	×	×	√	√	√
71	72	73	74	75	76	77	78	79	80
√	×	√	√	√	×	√	√	×	×
81	82	83	84	85	86	87	88	89	90
√	×	√	×	×	×	√	√	√	√
91	92	93	94	95	96	97	98	99	100
√	√	√	×	×	×	√	×	×	√

普通车工应知测试题三参考答案

一、**单项选择题**（第1题~第60题。选择一个正确的答案，将相应的字母填入题内的括号中。每题1分，满分60分。）

1	2	3	4	5	6	7	8	9	10
B	C	C	A	C	C	A	A	D	A
11	12	13	14	15	16	17	18	19	20
C	C	B	B	A	C	A	A	C	A
21	22	23	24	25	26	27	28	29	30
C	A	B	A	A	C	A	B	B	B
31	32	33	34	35	36	37	38	39	40
A	B	B	C	A	B	A	A	A	A
41	42	43	44	45	46	47	48	49	50
B	D	D	B	A	B	B	C	B	A
51	52	53	54	55	56	57	58	59	60
A	A	B	C	A	A	C	A	B	C

二、**判断题**（第61题~第100题。将判断结果填入括号中，正确的填"√"，错误的填"×"。每题1分，满分40分。）

61	62	63	64	65	66	67	68	69	70
√	×	√	√	√	√	√	√	√	√
71	72	73	74	75	76	77	78	79	80
×	×	√	×	×	√	√	×	×	×
81	82	83	84	85	86	87	88	89	90
√	×	×	√	×	×	√	×	×	√
91	92	93	94	95	96	97	98	99	100
√	×	√	×	√	×	√	×	×	×

普通车工应知测试题四参考答案

一、**单项选择题**（第1题~第60题。选择一个正确的答案，将相应的字母填入题内的括号中。每题1分，满分60分。）

1	2	3	4	5	6	7	8	9	10
C	C	B	D	A	A	C	D	A	C
11	12	13	14	15	16	17	18	19	20
D	B	D	A	A	C	C	C	A	B
21	22	23	24	25	26	27	28	29	30
A	A	C	B	D	C	C	A	C	C
31	32	33	34	35	36	37	38	39	40
A	A	B	B	D	C	C	A	C	C
41	42	43	44	45	46	47	48	49	50
A	D	B	A	A	C	A	A	A	B
51	52	53	54	55	56	57	58	59	60
D	A	A	C	C	B	C	D	A	B

二、**判断题**（第61题~第100题。将判断结果填入括号中，正确的填"√"，错误的填"×"。每题1分，满分40分。）

61	62	63	64	65	66	67	68	69	70
√	√	√	√	√	√	√	×	√	×
71	72	73	74	75	76	77	78	79	80
√	×	√	×	√	×	×	√	×	×
81	82	83	84	85	86	87	88	89	90
×	√	×	√	√	×	×	×	√	×
91	92	93	94	95	96	97	98	99	100
×	×	√	√	√	×	√	√	√	×

普通车工应知测试题五参考答案

一、单项选择题（第1题～第60题。选择一个正确的答案，将相应的字母填入题内的括号中。每题1分，满分60分。）

1	2	3	4	5	6	7	8	9	10
D	B	B	C	B	C	B	B	B	A
11	12	13	14	15	16	17	18	19	20
B	B	B	A	A	A	B	C	C	A
21	22	23	24	25	26	27	28	29	30
B	C	B	C	C	A	B	C	A	B
31	32	33	34	35	36	37	38	39	40
B	C	B	A	C	A	D	C	C	C
41	42	43	44	45	46	47	48	49	50
B	C	C	A	C	B	C	C	D	A
51	52	53	54	55	56	57	58	59	60
C	B	A	B	C	A	D	B	D	D

二、判断题（第61题～第100题。将判断结果填入括号中，正确的填"√"，错误的填"×"。每题1分，满分40分。）

61	62	63	64	65	66	67	68	69	70
√	√	×	×	√	√	√	×	√	√
71	72	73	74	75	76	77	78	79	80
√	√	√	√	×	√	√	×	√	√
81	82	83	84	85	86	87	88	89	90
×	√	√	√	√	×	√	√	√	×
91	92	93	94	95	96	97	98	99	100
×	√	√	×	√	√	√	√	√	√

普通车工应知测试题六参考答案

一、单项选择题（第 1 题～第 60 题。选择一个正确的答案，将相应的字母填入题内的括号中。每题 1 分，满分 60 分。）

1	2	3	4	5	6	7	8	9	10
B	A	C	B	B	B	B	C	A	A
11	12	13	14	15	16	17	18	19	20
C	B	B	C	A	C	C	D	B	C
21	22	23	24	25	26	27	28	29	30
C	B	D	A	D	C	C	A	A	A
31	32	33	34	35	36	37	38	39	40
B	A	C	C	B	D	C	B	D	D
41	42	43	44	45	46	47	48	49	50
C	B	B	B	A	C	C	A	D	B
51	52	53	54	55	56	57	58	59	60
B	C	C	B	C	A	A	B	C	A

二、判断题（第 61 题～第 100 题。将判断结果填入括号中，正确的填"√"，错误的填"×"。每题 1 分，满分 40 分。）

61	62	63	64	65	66	67	68	69	70
√	√	×	×	√	×	×	√	×	√
71	72	73	74	75	76	77	78	79	80
√	×	×	×	×	√	×	×	×	×
81	82	83	84	85	86	87	88	89	90
√	×	×	×	×	√	×	×	×	×
91	92	93	94	95	96	97	98	99	100
√	√	√	√	√	×	√	√	×	√